Tom Mühle

Konstruktion eines Membranmoduls für die Querstromfiltration mit überlagertem elektrischen Feld im Labormaßstab

Diplomica® Verlag GmbH

Mühle, Tom: Konstruktion eines Membranmoduls für die Querstromfiltration mit überlagertem elektrischen Feld im Labormaßstab, Hamburg, Diplomica Verlag GmbH 2009

ISBN: 978-3-8366-7874-2
Druck Diplomica® Verlag GmbH, Hamburg, 2009

Bibliografische Information der Deutschen Bibliothek
Die Deutsche Bibliothek verzeichnet diese Publikation in der Deutschen
Nationalbibliografie;
detaillierte bibliografische Daten sind im Internet über
<http://dnb.ddb.de> abrufbar.

Die digitale Ausgabe (eBook-Ausgabe) dieses Titels trägt die ISBN 978-3-8366-2874-7
und kann über den Handel oder den Verlag bezogen werden.

Inhaltsverzeichnis

Abbildungsverzeichnis

Formelzeichen und Indizes

A	Drahtquerschnitt, Plattenfläche	[m^2]
A, dA	Fläche, Flächenelement	[m^2]
b	Beweglichkeit von Ladungsträgern	[m^2/(Vs)]
$\vec{B}$, B	Magnetische Flussdichte (auch: Magnetische Induktion) bzw. deren Betrag	[T]
c	Strömungsgeschwindigkeit	[m/s]
C	Kapazität des Kondensators	[F]
c_P	Spezifische Wärmekapazität bei konstantem Druck	[J/kgK]
c_v	Volumenkonzentration	[%]
d	Abstand, Plattenabstand im Plattenkondensator	[m]
ds, $d\vec{s}$	Linienelement, Wegelement	[m]
dV	Volumenelement	[m^3]
$\vec{E}$, E	Elektrische Feldstärke (auch: Elektrisches Feld) bzw. deren Betrag	[V/m], [N/C]
e_0	Elementarladung (e_0 = 1,60217733 • 10^{-19} C)	[C]
$\vec{F}$, F	Kraft auf Probeladung bzw. deren Betrag	[N]
$\vec{F}_{Coulomb}$	Coulombkraft	[N]
F_{ep}	Elektrophoretische Kraft	[N]
$\vec{F}_L$, F_L	Lorentz-Kraft bzw. deren Betrag	[N]
G	Elektrischer Leitwert	[1/Ω]
I	Elektrische Stromstärke	[A]
i(t)	Lade- bzw. Entladestrom des Kondensators	[A]
J	Elektrische Stromdichte	[A/ m^2]
k	Wärmedurchgangskoeffizient	[W/m^{2}K]
l	Drahtlänge, Abstand	[m]
$\dot{m}$	Massenstrom	[kg/s]
P	Leistung	[W]
P_a	Verbrauchsleistung, Nutzleistung des Verbrauchers	[W]
$P_{a,max}$	Maximale Verbrauchsleistung	[W]
P_K	Kurzschlussleistung	[W]
P_Q	Quellenleistung	[W]
P_V	Verlustleistung am Innenwiderstand der Spannungsquelle	[W]
Q	Elektrische Ladung, Probeladung, Ladung des Kondensators	[C], [As]
$\dot{Q}$	Wärmestrom	[W], [J/s]
Q_1, Q_2	erste Ladung, zweite Ladung	[C]
r	Abstand	[m]
$\vec{r}$	Abstandsvektor der Ladungen	[m]
R	Elektrischer Widerstand	[Ω]
R_a	Verbraucherwiderstand	[Ω]
R_i	Innenwiderstand der Spannungsquelle	[Ω]
R_{IS}	Isolationswiderstand des Dielektrikums	[Ω]
t	Zeit	[s]
U	Elektrische Spannung, Spannungsabfall	[V], [Nm/C]

U_{AB}	Spannung zwischen A und B	[V], [Nm/C]
$u_C(t)$	Zeitlicher Verlauf der Kondensatorspannung	[V]
U_Q	Quellenspannung	[V]
$u_R(t)$	Zeitlicher Verlauf der Widerstandsspannung	[V]
U_0	Gleichspannung eines geladenen Kondensators zum Zeitpunkt Null	[V]
$\overline{v}$	Mittlere Driftgeschwindigkeit	[m/s]
$\overrightarrow{v}$, v	Geschwindigkeit der Ladung bzw. deren Betrag	[m/s]
v_{ep}	Elektrophoretische Wanderungsgeschwindigkeit	[m/s]
W	Energie eines geladenen Kondensators	[J]
W_{AB}	Von A nach B verrichtete Arbeit	[J], [Nm]
x	Partikeldurchmesser	[m]
α	Winkel	[1]
$\Delta A_\perp, dA_\perp$	Flächenelement, infinitisimales Flächenelement	[m²]
ΔI, dI	Stromfluss	[A]
ΔQ, dQ	Ladungsmenge	[C], [As]
Δt, dt	Zeitintervall	[s]
ΔT	Temperaturdifferenz	[K]
ε	Permittivität	[As/Vm]
ε_r	Permittivitätszahl, Dielektrizitätszahl	[-]
ε_0	Elektrische Feldkonstante ($\varepsilon_0 = 8{,}85418782 \cdot 10^{-12} \frac{As}{Vm}$), Dielektrizitätskonstante	$\left[\frac{As}{Vm}\right]$
κ	Elektrische Leitfähigkeit	[S/m]
λ	Elektrische Linienladungsdichte	$\left[\frac{C}{m}\right]$
$\overline{\lambda}$	Mittlere Linienladungsdichte	$\left[\frac{C}{m}\right]$
μ_{ep}	Elektrophoretische Mobilität	[m²/(Vs)]
η	Dynamische Viskosität	[Pas], [Ns/m²]
ρ	Spezifischer elektrischer Widerstand	[Ωm]
ρ	Elektrische Raumladungsdichte	$\left[\frac{C}{m^3}\right]$
$\overline{\rho}$	Mittlere Raumladungsdichte	$\left[\frac{C}{m^3}\right]$
ζ	Zeta-Potential	[mV]
σ	Elektrische Flächenladungsdichte	$\left[\frac{C}{m^2}\right]$
$\overline{\sigma}$	Mittlere Flächenladungsdichte	$\left[\frac{C}{m^2}\right]$
τ	Zeitkonstante	[s]

1. Einleitung

Die Filtration ist ein häufig eingesetztes Abscheideverfahren für Partikeln aus gasförmigen oder flüssigen Medien. Man unterscheidet nach der Art der Abscheidung der Partikeln zwischen der Tiefenfiltration, bei welcher die Partikeln in einem Filtermittel abgeschieden werden und der Oberflächenfiltration, bei welcher die Abscheidung der Partikeln an der Oberfläche eines Filtermittels erfolgt und sich eine Deckschicht, der Filterkuchen, bildet.

Bei der Oberflächenfiltration nimmt der Filtratvolumenstrom, meist das Produkt dieses verfahrenstechnischen Prozesses, im zeitlichen Verlauf der Filtration ab, bedingt durch Bildung und Wachstum des Filterkuchens. Um die Wirtschaftlichkeit dieses Abscheideverfahrens zu erhöhen ist ein Ziel, die Filterkuchenbildung zu vermeiden oder zu reduzieren.

Eine Möglichkeit der Kuchenbildung bei der Oberflächenfiltration entgegen zu wirken ist, das Filtermittel nicht in Richtung sondern quer zum Filtratstrom anzuströmen. Dieses Verfahren wird als Querstromfiltration bezeichnet. Neben einer günstigen Beeinflussung der auch bei senkrechter Anströmung wirksamen Abscheidemechanismen nennt Altmann [4] vor allem eine zusätzliche Kraftwirkung auf die Partikeln von der Membran weg an, was in der nachfolgenden Abbildung durch die Liftkraft F_L dargestellt wird.

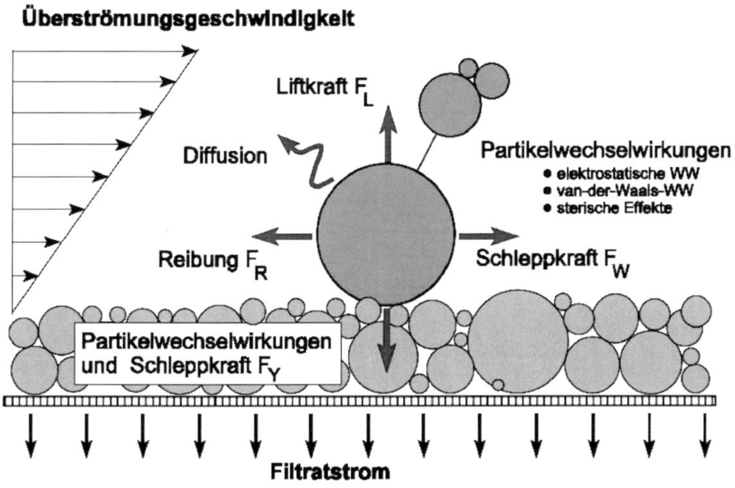

Abbildung 1: Kräfte am Einzelpartikel bei der Querstromfiltration [4]

Durch die Überströmung quer zum Filtermittel wird, insbesondere auch bei sehr kleinen Partikeln, die Wirtschaftlichkeit der Filtration erhöht. Trotzdem kann weiterhin eine Kuchenbildung auftreten.

Werden Partikeln in einer wässrigen, kontinuierlichen Phase suspendiert, dann sind sie fast immer negativ geladen [4, 6]. Deshalb kann durch ein die Querstromfiltration überlagerndes elektrisches Feld eine weitere von der Membran weg gerichtete Kraftwirkung auf die Partikeln erzeugt werden [4, 7], um somit einer Deckschichtbildung entgegen zu wirken.

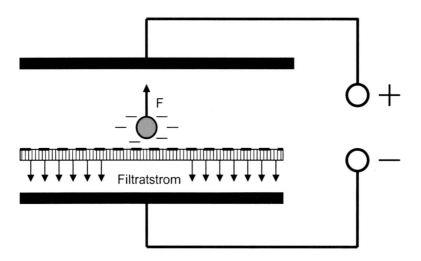

Abbildung 2: Wirkung der elektrischen Feldkraft auf ein negativ geladenes Partikel

Ziel dieser Arbeit ist es, zunächst die theoretischen Grundlagen des elektrischen Feldes zusammenzustellen. Danach erfolgt die Dimensionierung eines Moduls oder mehrerer Varianten zur Untersuchung der Querstromfiltration mit überlagertem elektrischen Feld im Labormaßstab. Hierfür werden auch die in der Literatur verfügbaren Informationen früherer Entwürfe berücksichtigt. Ziel ist, den Entwicklungsprozess bis zum vollständigen Zeichnungssatz für die Herstellung des Moduls zu führen. Eine Fertigung des Moduls soll im Rahmen dieser Arbeit nicht erfolgen.

2. Physikalische Grundgesetze für die elektrische Ladung

2.1. Die elektrische Ladung

Die elektrische Ladung ist immer an Materie gebunden, quantisiert und kommt nur als Vielfaches der Elementarladung e_0 vor. Ein Proton trägt die Ladung e_0, ein Elektron $-e_0$. Durch ihre Kraftwirkung, durch Potentialdifferenz oder den Stromstoß beim Abfließen der Ladung ist diese messbar. [1]

Negative Ladung (Senke des elektrischen Feldes)	Positive Ladung (Quelle des elektrischen Feldes)
Elektron Anion (negatives Ion, OH⁻-Ion)	Proton Kation (positives Ion, H⁺-Ion) Positron (Antiteilchen des Elektrons) Löcher in Halbleitern (fehlende Elektronen im Festkörpergitter)

Abbildung 3: Arten elektrischer Ladung [1]

2.2. Elektrische Ladungsdichte

Die elektrische Ladungsdichte beschreibt Ladungsverteilungen. Sind die Ladungen nicht gleichmäßig verteilt, kann eine mittlere Ladungsdichte definiert werden. Ladungsdichte und mittlere Ladungsdichte an einem Punkt sind im Allgemeinen verschieden. [1]

Elektrische Raumladungsdichte	$\rho = \lim\limits_{\Delta V \to 0} \dfrac{\Delta Q}{\Delta V} = \dfrac{dQ}{dV}$	(1)
Elektrische Flächenladungsdichte	$\sigma = \lim\limits_{\Delta A \to 0} \dfrac{\Delta Q}{\Delta A} = \dfrac{dQ}{dA}$	(2)
Elektrische Linienladungsdichte	$\lambda = \lim\limits_{\Delta s \to 0} \dfrac{\Delta Q}{\Delta s} = \dfrac{dQ}{ds}$	(3)

Abbildung 4: Ladungsdichten [1]

Mittlere Raumladungsdichte	$\bar{\rho} = \dfrac{Q}{V} = \dfrac{1}{V} \int_V \rho(\vec{r})dV$	(4)
Mittlere Flächenladungsdichte	$\bar{\sigma} = \dfrac{Q}{A} = \dfrac{1}{A} \int_A \sigma(\vec{r})dA$	(5)
Mittlere Linienladungsdichte	$\bar{\lambda} = \dfrac{Q}{s} = \dfrac{1}{s} \int_s \lambda(\vec{r})ds$	(6)

Abbildung 5: Mittlere Ladungsdichten [1]

2.3. Elektrischer Strom

Elektrischer Strom ist die Bewegung von elektrisch geladenen Teilchen in elektrisch leitenden Medien. Er kann die Erwärmung von Materie, elektrochemische Vorgänge sowie Magnetisierung bewirken. Für die Stromstärke I gilt: [1]

$$I = \lim\limits_{\Delta t \to \infty} \frac{\Delta Q}{\Delta t} = \frac{dQ}{dt} \qquad (7)$$

2.4. Elektrische Stromdichte

Die elektrische Stromdichte gibt die Richtung des Ladungstransports und die Größe der transportierten Ladung in jedem Raumpunkt an. Sie ermöglicht die Beschreibung der Stromverteilung in ausgedehnten Leitern. Die Stromstärke wird hierfür auf eine senkrecht zur Bewegungsrichtung der Elektronen stehende Fläche bezogen. [1]

$$J = \lim_{\Delta A_\perp \to 0} \frac{\Delta I}{\Delta A_\perp} = \frac{dI}{dA_\perp} \tag{8}$$

Ist der elektrische Stromfluss durch diese Fläche in jedem Punkt der Fläche gleich gilt [1]:

$$J = \frac{I}{A_\perp} \tag{9}$$

Die elektrische Stromdichte zeigt in einem stromdurchflossenen Draht längs des Drahtes in die technisch Stromrichtung und ist proportional zum Produkt aus der Raumladungsdichte und der lokalen mittleren Geschwindigkeit der Ladungsträger. [1]

2.5. Elektrischer Widerstand und elektrischer Leitwert

Der elektrische Widerstand charakterisiert die Stärke des Stromflusses durch einen elektrischen Leiter bei gegebener Spannung an den Leiterenden. [1]

$$R = \frac{U}{I} = \rho \frac{l}{A} = \frac{1}{\kappa} \frac{l}{A} \tag{10}$$

Metallische Leiter weisen bei konstanter Temperatur eine lineare Strom-Spannungs-Kennlinie auf und werden als ohmscher Widerstand bezeichnet. Bei größeren Strömen oder durch Erwärmung des Leiters kann die Strom-Spannungs-Kennlinie nichtlinear werden. [1]

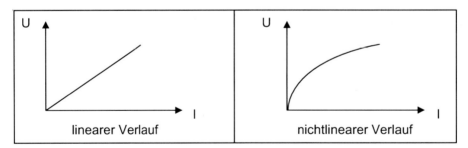

Abbildung 6: Strom-Spannungs-Kennlinien

Der elektrische Leitwert ist der Kehrwert des elektrischen Widerstandes. [1]

$$G = \frac{1}{R} = \frac{I}{U} \tag{11}$$

2.6. Das Coulombsches Gesetz

Elektrische Ladungsträger können über größere Abstände über ihr elektrisches Feld miteinander wechselwirken und dadurch Kräfte aufeinander ausüben. Das Coulombsche Gesetz beschreibt die Kraft, die zwei Punktladungen aufeinander ausüben. [1]

$$\vec{F}_{Coulomb} = \frac{1}{4\pi\varepsilon_0} \frac{Q_1 Q_2}{r^2} \frac{\vec{r}}{r} \qquad (12)$$

2.7. Beweglichkeit von Ladungsträgern

Die Beweglichkeit gibt die mittlere Driftgeschwindigkeit $\overline{v}$ von Ladungsträgern im elektrischen Feld mit der Feldstärke E an. Bei einem linearen Widerstand ist die mittlere Driftgeschwindigkeit proportional zum elektrischen Feld. [1]

$$b = \frac{\overline{v}}{E} = \frac{\overline{v}l}{U} \qquad (13)$$

3. Das Partikel als elektrischer Ladungsträger

Um bei der Querstromfiltration die Lage oder die Bewegung von Partikeln durch ein elektrisches Feld beeinflussen zu können, müssen diese eine bestimmte, möglichst konstante Ladung aufweisen. Nach [4, 6, 7] ist dies bei gleichbleibenden Umgebungsbedingungen für in wässrigen Lösungen suspendierte und bewegte Partikeln der Fall und kann durch das Model der elektrochemischen Doppelschicht erfasst werden.

In [4, 6] werden in wässrigen Lösungen suspendierte und bewegte Partikeln durch das Partikel selbst und eine umgebende Grenzschicht beschrieben.

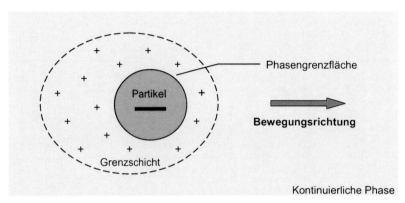

Abbildung 7: Phasengrenzfläche und Grenzschicht an einem bewegten Partikel

Physikalische oder chemische Adsorptionsvorgänge sowie Dissoziation an der Phasengrenzfläche zwischen Partikel und umgebender kontinuierlicher Phase führen zu einer anderen Verteilung elektrischer Ladungsträger in der Phasengrenzfläche als im Inneren des Partikels bzw. der kontinuierlichen Phase [4, 8]. Es entsteht eine Grenzflächenladung, welche entgegengesetzt geladene Ionen der grenzflächennahen Schicht anzieht. Dadurch bildet sich an der Phasengrenzfläche eine elektrochemische Doppelschicht heraus [6], welche in Abbildung 7 als Grenzschicht bezeichnet ist. Die Ladungsverteilung in der elektrochemischen Doppelschicht ist nahezu homogen [6].

Zur Beschreibung der elektrochemischen Doppelschicht wurden verschiedene Modelle entwickelt. Die wichtigsten Modelle, die nach Helmholtz und Gouy-Chapman, werden im Modell von Stern zusammengeführt, welches die Ladungsverteilung in dieser Schicht exakt und umfassend beschreibt [6].

Das Sternsche Modell geht von einer elektrochemischen Doppelschicht mit einem starren und einem diffusen Anteil aus [3, 6].

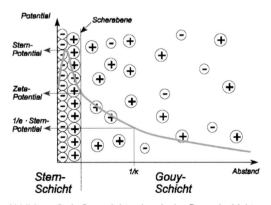

Abbildung 8: Aufbau elektrochemische Doppelschicht nach Sternschem Modell [3]

Es beschreibt, dass eine Schicht von Ionen an der Phasengrenzfläche adsorbiert wird und diese Ionen fest gebunden sind [6]. Diese starre Schicht wird als Sternschicht oder Helmholtz-Schicht bezeichnet [3, 6].

Bleibt ein in einer wässrigen Lösung suspendiertes Partikel in Ruhe, besteht die Möglichkeit, dass sich solange Ionen an das Partikel anlagern, bis ein Ladungsausgleich erfolgt ist und das Partikel nach außen hin elektrisch neutral erscheint. Bewegt sich ein Partikel in einer Flüssigkeit, beispielsweise bei Filtrationsvorgängen, dann bildet sich zwischen der starren und der diffusen Schicht eine Scherebene heraus. Ionen lösen sich aus der Grenzschicht, der Ladungsausgleich geht verloren und das Partikel ist nach außen hin nicht mehr elektrisch neutral. Eine Ursache hierfür ist die Reibung zwischen dem Partikel und der Flüssigkeit, in welcher es sich bewegt [3, 4, 6].

Die Potential- oder auch Ladungsdifferenz zwischen dieser Scherebene und dem Inneren der Flüssigkeit wird als Zeta-Potential bezeichnet [6]. Das Zeta-Potential ist messbar und kann im Rahmen der vorliegenden Arbeit zu konstant -20 mV angenommen werden. Das heißt, es ist von einer konstant negativen Ladung der zu untersuchenden Partikeln auszugehen. Es wird weiterhin vereinfachend davon ausgegangen, dass nur nicht-metallische und nicht magnetisierbare Partikeln untersucht werden. Für Berechnungen kann vereinfachend von geladenen Einzelpartikeln ausgegangen werden, was in Anlehnung an [3] niedrigen Konzentrationen von $c_v < 0,2$ Vol% entspricht.

4. Das elektrische Feld

Elektrische Felder sind eine Eigenschaft des Raumes und gehen von elektrischen Ladungen aus oder entstehen durch Induktion von elektrischen Leitern in zeitlich veränderlichen magnetischen Feldern. Auch elektromagnetische Wellen, also beispielsweise Licht, können zu einer Ladungstrennung und somit zu elektrischen Feldern führen. [1]

Der Vektor $\vec{E}$ wird als elektrische Feldstärke bezeichnet und ist durch die Kraftwirkung auf elektrische Ladungen definiert. [1]

$$\vec{E} = \frac{\vec{F}}{Q} \tag{14}$$

Man spricht von einem homogenen elektrischen Feld, wenn die Feldstärke in jedem Punkt des betrachteten Raumes in Betrag und Richtung gleich ist. [1]

$$E = \frac{F}{Q} \tag{15}$$

Elektrische Feldlinien veranschaulichen das elektrische Feld im Raum. [1]

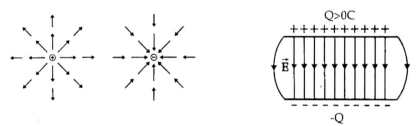

Abbildung 9: Elektrisches Feld positive/negative Punktladung, am Plattenkondensator [1]

Es gelten die folgenden Vereinbarungen bzw. Phänomene [1]:

- die Richtung der Feldlinien entspricht der Richtung der elektrischen Feldstärke
- die elektrische Ladung eines geladenen Leiters befindet sich auf dessen Oberfläche
- das Innere eines metallischen Leiters ist feldfrei
- das elektrische Feld ist wirbelfrei
- die Feldlinien eines homogenen elektrischen Feldes sind parallel

4.1. Elektrische Feldstärke einer Punktladung

Die elektrische Feldstärke einer Punktladung Q im Abstand r von dieser kann wie folgt berechnet werden [1]:

$$\vec{E} = \frac{Q}{4\pi\varepsilon_0 r^2} \frac{\vec{r}}{r} \tag{16}$$

Die elektrische Feldstärke von mehreren Punktladungen oder für eine Ladungsverteilung kann durch Superposition bzw. Integration bestimmt werden. [1]

4.2. Kraft auf eine elektrische Probeladung

Die Kraft auf eine elektrische Probeladung Q zeigt für eine positive Punktladung in Richtung des elektrischen Feldes und für eine negative Punktladung in die entgegengesetzte Richtung. [1]

$$\vec{F} = Q\,\vec{E} \tag{17}$$

Im homogenen elektrischen Feld gilt [1]:

$$F = Q\,E \tag{18}$$

4.3. Arbeit auf eine Probeladung

Die elektrische Spannung ist die Arbeit, die an einer Probeladung Q verrichtet wird, wenn diese längs eines Weges von Punkt A nach Punkt B verschoben wird. [1]

$$U_{AB} = \frac{W_{AB}}{Q} = \int_{A}^{B} \vec{E}\,d\vec{s}$$
(19)

Längs eines geschlossenen Weges ist das Integral der elektrischen Feldstärke bzw. die elektrische Spannung Null. [1]

4.4. Kapazität

Die Kapazität gibt an, wieviel elektrische Ladung eine Leiteranordnung, bei gegebener Spannung zwischen den Leitern, speichern kann. [1]

$$C = \frac{Q}{U} \tag{20}$$

5. Bauformen von Kondensatoren – das Membranmodul als Plattenkondensator

Betrachtet man die Darstellung eines geladenen Partikels in einem elektrischen Feld nach Abbildung 2, so wird die Analogie zu einer Probeladung im elektrischen Feld eines Kondensators deutlich.

Es existieren verschiedene Bauformen von Kondensatoren. So können diese zylindrisch, kugelförmig oder eben ausgeführt werden. [2]

Die gestellte Konstruktionsaufgabe fordert den Entwurf eines Moduls für die Querstromfiltration mit überlagertem elektrischen Feld an Flachmembranen. Das Modul wird deshalb konstruktiv eben ausgeführt. Bezüglich des elektrischen Feldes entspricht dies der Bauform eines Plattenkondensators. Diese Bauform bietet im Vergleich zu anderen vor allem die Vorteile guter Zugänglichkeit und Beobachtbarkeit, leichter Messwerterfassung und vergleichbar einfacher modellhafter Beschreibung der Vorgänge an der Membran.

Ein Plattenkondensator besteht aus zwei planparallelen voneinander isolierten Platten, zwischen denen eine Gleichspannung angelegt wird. Zwischen den meist metallischen Platten entsteht somit ein elektrisches Feld. Die elektrischen Ladungen verteilen sich dabei gleichmäßig auf den einander zugewandten Plattenaußenseiten. Bei kleinem Plattenabstand gegenüber der Plattenfläche ist, außer an den Plattenrändern, das elektrische Feld eines Plattenkondensators homogen, wie in Abbildung 9 dargestellt. Die Kraftwirkung des elektrischen Feldes am Plattenkondensator ist senkrecht zu den Plattenoberflächen. [1]

5.1. Dielektrikum und elektrische Polarisation am Plattenkondensator

Es sei ein Plattenkondensator mit zwei Kondensatorplatten und konstant gehaltener Spannung zwischen den Platten gegeben. Ein Dielektrikum ist ein Isolator, der in ein elektrisches Feld eingebracht wird. Ein Dielektrikum zwischen den Kondensatorplatten verändert die Ladungsmenge auf den Kondensatorplatten und damit die Kapazität des Kondensators. Das eingebrachte Material wird polarisiert. Man unterscheidet zwischen Verschiebungspolarisation mit der Verschiebung elektrischer Ladungen im Material und Orientierungspolarisation mit der Ausrichtung von bereits im Material vorhandenen Dipolmomenten. Durch die Polarisation baut sich ein dem ursprünglichen elektrischen Feld entgegengerichtetes Feld auf. Dadurch reduziert sich die elektrische Feldstärke im Kondensator. Die Abnahme der elektrischen Feldstärke nach Einbringen eines Dielektrikums wird durch die Permittivitätszahl oder Dielektrizitätszahl ε_r gekennzeichnet. Es handelt sich dabei um eine materialabhängige, dimensionslose Größe. [1]

$$\varepsilon = \varepsilon_0 \varepsilon_r \tag{21}$$

Die Dielektrizitätszahl des Vakuums ist eins, für Luft kann sie näherungsweise gleich eins gesetzt werden. ε_r liegt für die meisten Dielektrika im Bereich von 1 – 100, Werte bis zu 10000 sind aber möglich. Reines Wasser hat eine Dielektrizitätszahl von 81. [1]

5.2. Das elektrische Feld an Grenzflächen

Beim Übergang von einem Medium mit der Dielektrizitätszahl ε_1 zu einem Medium mit der Dielektrizitätszahl ε_2 gilt an der Grenzfläche [1]:

- die Normalkomponente der elektrischen Feldstärke ändert sich beim Übergang unstetig
- die Tangentialkomponente der elektrischen Feldstärke ändert sich beim Übergang nicht

Treten die Feldlinien eines elektrischen Feldes senkrecht aus einer Leiteroberfläche aus, dann ist keine Tangentialkomponente vorhanden. Eine Komponente der elektrischen Feldstärke tangential zu einer Leiteroberfläche kann zeitweise durch das Vorhandensein einer entsprechenden Kraftwirkung auf die Ladungsträger auftreten. Diese führt zu einer Verschiebung der Ladungsträger, bis ein Kräftegleichgewicht erreicht ist. Mit Erreichen des Gleichgewichtszustandes verschwindet die Tangentialkomponente. [1]

5.3. Kapazität des Plattenkondensators

Für die Berechnung der Kapazität eines Plattenkondensators nach Gleichung (22) muss die Ausdehnung der Platten groß gegenüber dem Plattenabstand sein, um Randeffekte vernachlässigen zu können. [1]

$$C = \frac{\varepsilon A}{d} = \frac{\varepsilon_0 \varepsilon_r A}{d} \tag{22}$$

Die Kapazität des Plattenkondensators ist, unter anderem durch das Dielektrikum, temperaturabhängig. Dielektrika handelsüblicher Kondensatoren weisen im Bereich von 20°C bis 40°C eine geringe Temperaturabhängigkeit auf. Die Kapazität eines Kondensators kann auch eine Druckabhängigkeit aufweisen. Es werden typischerweise Kapazitäten im Bereich von wenigen Pikofarad bis zu einigen Kilofarad realisiert. [1]

5.4. Elektrische Feldstärke des Plattenkondensators

Für die elektrische Feldstärke des Plattenkondensators gilt [1]:

$$U = Ed \tag{23}$$

$$E = \frac{U}{d} \tag{24}$$

Es ist die Frage zu klären, ob die elektrische Feldstärke des Plattenkondensators allein durch den Plattenabstand und die Spannung zwischen den Kondensatorplatten beschrieben werden kann, oder ob die Dielektrizitätszahl ebenfalls einen Einfluss auf die elektrische Feldstärke hat.

Nach Gleichung (20) ist die Ladung des Plattenkondensators das Produkt aus dessen Kapazität und der Spannung zwischen den Kondensatorplatten. Das Dielektrikum zwischen den Platten soll zunächst Luft sein und wird dann durch ein anderes Dielektrikum ersetzt. Bei Auswertung der Gleichung (20) sind somit zwei Fälle zu unterscheiden (Auskunft Prof. Dr.-Ing. Weiß, Fachbereich Elektrotechnik und Informationstechnik, TU Kaiserslautern):

1. Die Ladung des Plattenkondensators wird konstant gehalten, nicht aber die Spannung zwischen den Kondensatorplatten. Würde sich die Dielektrizitätszahl mit dem Einbringen eines anderen Dielektrikums als Luft erhöhen, dann würde die Kapazität des Kondensators steigen und die Spannung zwischen den Platten demzufolge fallen. Dies führt zu einer Abschwächung der elektrischen Feldstärke. Ist das Dielektrikum zunächst Luft und wird dann beispielsweise ein Dielektrikum mit einer Dielektrizitätszahl von vier eingebracht, so sinkt die elektrische Feldstärke auf ein Viertel des Anfangswertes [1].

2. Die Spannung zwischen den Kondensatorplatten, also die Potential- bzw. Ladungsdifferenz, wird konstant gehalten, dafür aber nicht die Ladung des Kondensators. Wiederum wird ein Dielektrikum mit einer höheren Dielektrizitätszahl als der von Luft eingebracht. Die Kapazität des Kondensators steigt somit. Das heißt, die aufgenommene Ladung nimmt zu und die elektrische Feldstärke bleibt konstant.

Die Spannung zwischen den Kondensatorplatten soll im Rahmen dieser Arbeit als konstant angenommen werden. Im Betrieb des Moduls ist mit einer Veränderung der Kapazität des Plattenkondensators zu rechnen, beispielsweise durch die veränderte Zusammensetzung der zu filtrierenden Suspension. Somit werden zu- oder abfließende Ladungsströme an den Kondensatorplatten auftreten, um die Spannung zwischen diesen konstant zu halten. Das bedeutet auch, dass die elektrische Feldstärke allein durch die Kondensatorspannung und den Abstand der Kondensatorplatten exakt reguliert werden kann. Alle weiteren Größen in den Gleichungen (20) und (22) haben bei konstanter Kondensatorspannung keinen Einfluss auf die elektrische Feldstärke, bestimmen aber beispielsweise den Leistungsbedarf des Plattenkondensators.

5.5. Energie und Leistung des Plattenkondensators

Die Energie eines geladenen Plattenkondensators berechnet sich wie folgt [1]:

$$W = \frac{1}{2}CU^2 = \frac{1}{2}\frac{Q^2}{C} \tag{25}$$

Für einen stromdurchflossenen Verbraucher im Gleichstromkreis, an dem eine bestimmte Spannung anliegt, gilt [1]:

$$P = UI = RI^2 = \frac{1}{R}U^2 \tag{26}$$

Energie und Leistung sind wie folgt miteinander verknüpft [1]:

$$W = P\Delta t = UI\Delta t \tag{27}$$

Gleichung (25), (26), (27) und (10) können verwendet werden, um den Leistungsbedarf des Kondensators beim Laden, bei Stromfluss zwischen den Kondensatorplatten oder bei Auftreten von Ladungsverlusten abzuschätzen. Diesbezügliche Rechnungen im Rahmen dieser Arbeit können mit der Annahme einer idealen Spannungsquelle mit einem Innenwiderstand von Null durchgeführt werden.

Für weiterführende Rechnungen ist die Verlustleistung am Innenwiderstand der Spannungsquelle zu berücksichtigen. [1]

$$P_V = \frac{R_i}{(R_a + R_i)^2}U_Q^2 \tag{28}$$

Die vom Verbraucher aufgenommene Leistung ergibt sich dann zu [1]:

$$P_a = \frac{R_a}{(R_a + R_i)^2}U_Q^2 \tag{29}$$

Die Leistung der Spannungsquelle berechnet sich somit zu [1]:

$$P_Q = P_a + P_V \tag{30}$$

Die Kurzschlussleistung P_K tritt auf, wenn der Verbraucherwiderstand Null ist. Dies ist die größte Leistung, die eine Spannungsquelle liefern kann. Sie ist ausschließlich Verlustleistung. [1]

5.6. Auf- und Entladen des Plattenkondensators

Die Spannung am Kondensator ist proportional zum Zeitintegral des Lade- bzw. Entladestroms i(t). [1]

$$u_C(t) = \frac{Q}{C} = \int_0^t i(t')dt' \tag{31}$$

Die Zeitkonstante τ ist die Zeitdauer, in der die Kondensatorspannung auf $1/e \approx 1/3$ des ursprünglichen Wertes gesunken ist. C ist dabei die Kapazität des Kondensators und R der Widerstand, über den der Kondensator auf- oder entladen wird. [1]

$$\tau = RC \tag{32}$$

Beim Entladen des Kondensators werden dessen Platten über einen Widerstand R kurzgeschlossen. Nach der Maschenregel folgt: [1]

$$0 = u_C(t) + u_R(t) = \frac{1}{C} \int_0^t i(t')dt' + i(t)R \tag{33}$$

Aus Gleichung (33) kann man ableiten [1]:

$$i(t) = I \cdot e^{\frac{-t}{\tau}} \tag{34}$$

$$u_C(t) = U \cdot e^{\frac{-t}{\tau}} \tag{35}$$

I und U bezeichnen dabei die Anfangswerte für den Ladestrom und die Spannung, die auseinander über Gleichung (10) berechnet werden können. Nach dem Ersten Kirchhoffschen Gesetz haben abfließende Ströme ein positives und zufließende Ströme ein negatives Vorzeichen. Ein aufgeladener Kondensator entlädt sich mit der Zeit von selbst. [1]

Beim Aufladen eines Kondensators der Kapazität C über einen Widerstand R mit einer Spannungsquelle U folgt nach der Maschenregel [1]:

$$U = u_C(t) + u_R(t) = \int_0^t i(t)dt + i(t)R \tag{36}$$

Aus Gleichung (36) kann man ableiten [1]:

$$i(t) = I \cdot e^{\frac{-t}{\tau}} \tag{37}$$

$$u_C(t) = U \cdot (1 - e^{\frac{-t}{\tau}}) \tag{38}$$

5.7. Wärmeentwicklung am Plattenkondensator

Das zu entwerfende Membranmodul stellt einen Kondensator im Gleichstromkreis dar. Ein zeitweises Umpolen des Kondensators ist vorstellbar und entspricht dem Übergang von einem stationären Betriebszustand im Gleichstrombetrieb in einen anderen stationären Betriebszustand im Gleichstrombetrieb. Wärmeentwicklung am Membranmodul ist nur unter Berücksichtigung dieser Betriebsweise abzuschätzen. Wärmetauschvorrichtungen, wenn notwendig, sind vorzusehen. Eine Kontrolle der Wärmetönung am betriebenen Modul wird empfohlen, weil diese unter anderem Einfluss auf die Eigenschaften des Dielektrikums und der Membran hat [1, 5].

Ein Betreiben des Moduls im Wechselstromkreis ist nicht beabsichtigt. Für diesen Fall ist von einer starken Erwärmung des Materials zwischen den Kondensatorplatten auszugehen, unter anderem weil die Moleküle des wechselnd polarisierten Dielektrikums in Schwingungen geraten und somit Reibungswärme frei wird.

Für den Gleichstrombetrieb ohne elektrischen Stromfluss zwischen den Kondensatorplatten wird in der Literatur davon ausgegangen, dass keine Wärmeentwicklung auftritt. Ebenso sind hierfür keine Berechnungsgrundlagen für Ladungsverluste am Kondensator verfügbar, so dass elektrische Verlustströme nicht abgeschätzt werden können. Die Zeitkonstante kann für das fertige Modul nur gemessen und nicht exakt vorausbestimmt werden.

Die Auslegung der Kühlung des Moduls ist mit Hilfe der vorhergehenden Energie- und Leistungsgleichungen sowie den folgenden, ergänzenden Gleichungen möglich:

$$\dot{Q} = \dot{m} \cdot c_P \cdot \Delta T \tag{39}$$

$$\dot{Q} = k \cdot A \cdot \Delta T \tag{40}$$

5.8. Durchschlagfestigkeit des Plattenkondensators

Bei zu hoher elektrischer Beanspruchung einer Isolierung kommt es zum Durchschlag [9, 10]. Üblicherweise wird die Durchschlagfestigkeit für eine bestimmte Elektrodenanordnung als die Durchschlagspannung bezogen auf den Abstand angegeben; es handelt sich also um eine elektrische Feldstärke [9].

Isolierstoff	E [kV/cm]
Gläser, Quarzglas	100 bis 2000 (ab 1000: kleine Dicken)
Hartgummi	180 bis 500
Hartpressstoffe	80 bis 350
Kautschuk	150 bis 350
Luft	20
Papier	100
Papier - Öl	600 bis 800
Plexiglas	300 bis 400
Polyester	250 bis 450
Polypropylen	bis 1000
Polystyrol	550 bis 1350
Polyvinychlorid	300 bis 500
Silikonöl	100 bis 120
Transformatorenöl	50 bis 250

Abbildung 10: Durchschlagfestigkeit einiger Isolierstoffe [1, 9, 10]

Die genannten Werte decken teilweise einen Wertebereich ab, so dass nicht eine exakte Zahl als zulässig genannt werden kann. Solche Wertebereiche bieten nur eine Orientierung für die maximal anlegbare Spannung bei gegebenem Plattenabstand am fertigen Membranmodul. Genauere Werte als die für diese Fälle angegebenen können nur experimentell am fertigen Membranmodul ermittelt werden.

5.9. Stromfluss bei Kurzschluss des Plattenkondensators

Kommt es über das zwischen den Platten des Kondensators befindliche Medium zu einem Kurzschluss zwischen den Platten, so kann der dabei auftretende Stromfluss nach Gleichung (10) näherungsweise abgeschätzt werden. Verläuft der Kurzschluss über mehrere Medien, so können diese als Einzelwiderstände, analog zur Reihenschaltung ohmscher Widerstände, hierfür addiert werden [1, 4].

Medium	ρ [Ωm]
Flusswasser	10 bis 100
Glas	$> 10^{11}$
Hartgummi	10^{13} bis 10^{16}
Kautschuk	$6 \cdot 10^{14}$
Kochsalzlösung (10%)	0,079
Plexiglas	10^{13} - 10^{15}
Polyvinylchlorid	bis 10^{13}
Quarzglas	$5 \cdot 10^{16}$
Seewasser	0,3
Silikonöl	10^{13}
Wasser, destilliert	$(1 \text{ bis } 4) \cdot 10^{4}$
Weichgummi	$(2 \text{ bis } 14) \cdot 10^{11}$

Abbildung 11: Spezifischer elektrischer Widerstand einiger Isolierstoffe [1, 9, 10]

6. Das magnetische Feld

Stromdurchflossene Leiter sind von einem Magnetfeld umgeben. Das Magnetfeld eines solchen Leiters induziert im Leiter selbst und in anderen Leitern eine Spannung, wodurch um diese ebenfalls ein Magnetfeld entsteht. Über diese Magnetfelder üben die Leiter Kräfte aufeinander aus. Magnetische Felder bewirken durch Induktion die Entstehung neuer elektrischer Felder. [1]

In der vorliegenden Arbeit soll der Einfluss eines elektrischen Feldes auf die Querstromfiltration untersucht werden. Wenn beim Betreiben eines solchen Feldes elektrischer Stromfluss auftritt, dann werden auch magnetische Felder in Erscheinung treten, welche den Filtrationsprozess beeinflussen können. Es kann dann zu einer Überlagerung der Kraftwirkungen des elektrischen und des magnetischen Feldes kommen.

Die vorgeschlagene Konstruktion entspricht einem im Gleichstrom betriebenen Plattenkondensator. Ein Stromfluss und somit magnetische Felder treten an diesem nur auf

- während des Aufladens
- während des Entladens
- Kurzschließen des Kondensators
- Durchschlagen des Kondensators

Bei allen nachfolgenden Betrachtungen in diesem Abschnitt werden zeitliche Ladungsträgerverlust an den Platten nicht berücksichtigt. Diese würden die Spannung zwischen den Platten und somit auch die elektrische Feldstärke reduzieren. Für Auslegungsfragen soll von einer konstanten elektrischen Feldstärke ausgegangen werden, so dass die Annahme konstanter Plattenladung während des Betriebs gerechtfertigt ist.

Das magnetische Feld übt nur auf bewegte Ladungsträger eine Kraft aus, welche als Lorentz-Kraft bezeichnet wird. [1]

$$\vec{F} = Q\,\vec{v} \times \vec{B} \tag{41}$$

$$F = QvB \sin\alpha \tag{42}$$

Der Betrag der magnetischen Flussdichte oder magnetischen Induktion B gibt die Stärke des Magnetfeldes an. Nach der Rechte-Hand-Regel zeigt der Daumen in Richtung der technischen Stromrichtung und die restlichen Finger in Richtung der magnetischen Flussdichte, welche vom Nord- zum Südpol zeigt. [1]

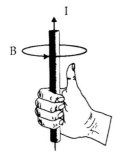

Abbildung 12: Rechte-Hand-Regel [1]

Nach der Dreifingerregel zeigt der Daumen der rechten Hand in Bewegungsrichtung der positiven Ladungsträger, der Zeigefinger in Magnetfeldrichtung (vom Nordpol zum Südpol) und der Mittelfinger in Richtung der Lorentz-Kraft. Lorentz-Kraft, technische Stromrichtung und Magnetfeldstärke stehen jeweils im rechten Winkel zueinander. [1]

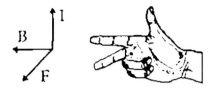

Abbildung 13: Dreifingerregel [1]

Die zuvor genannten Fälle für das Auftreten von Stromfluss können auch anders unterteilt werden:

- Fall A: Stromfluss in den Kondensatorplatten (Aufladen, Entladen)
- Fall B: Stromfluss zwischen den Kondensatorplatten (Kurzschluss, Durchschlagen)

Stellt man diese zwei Fälle nach der Rechten-Hand-Regel dar, ergibt sich das folgende Bild:

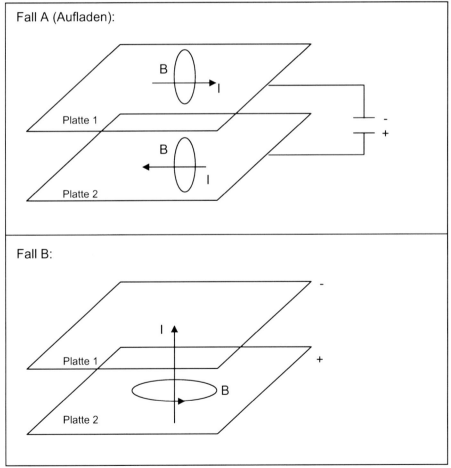

Abbildung 14: Magnetfelder am Plattenkondensator

Für beide Fälle ist die Richtung der magnetischen Flussdichte und somit die Richtung der Lorentzkraft nicht eindeutig festgelegt, weshalb nur die Anwendung der Rechte-Hand-Regel dargestellt wird. In Fall A wurden die Platten 1 und 2 dafür vereinfacht als linienförmige Elemente in Zuströmrichtung der positiven Ladungsträger aufgefasst.

Mit dem Auf- und Entladen in Zusammenhang stehende elektromagnetische Kraftwirkungen und induktive Vorgänge sollen vernachlässigt werden. Trotzdem wird es während des Ladens und Entladens zu elektromagnetischer Abstoßung zwischen den Elektroden kommen. Diese Kraft wird sehr gering sein, muss aber bei der Schraubenauswahl für das Modul berücksichtigt werden.

Ein Durchschlagen des Kondensators durch zu hohe angelegte Spannung ist zu vermeiden. Stromfluss zwischen den Kondensatorplatten während Experimenten ist aber denkbar. Für diesen Fall würde, idealisiert, eine Kraft tangential zu den Kondensatorplatten auftreten. Dieser Einfluss kann als vernachlässigbar klein angenommen werden.

Des weiteren ist der Einfluss elektromagnetischer Störungen, beispielsweise die Induktion bzw. Polarisation in metallischen Verschraubungen und somit auftretende, zusätzliche elektrische Felder um diese Verschraubungen, konstruktiv zu minimieren. Durch solche Vorgänge wird es zu einer Beeinflussung des elektrischen Feldes am Kondensator kommen, wie zuvor dargestellt. Dieser Einfluss kann nur reduziert werden, indem so wenig wie möglich elektrisch leitfähige Teile verbaut werden.

Das Auftreten von Magnetfeldern und magnetischen Kräften nach Fall A und Fall B ist, aufgrund der anzunehmenden geringen Stärke der magnetischen Felder, zu vernachlässigen. Der Einfluss magnetischer Felder am Modul soll nicht genauer untersucht werden, als bereits dargestellt.

7. Kraftwirkung auf geladene Partikeln im homogenen elektrischen Feld

Betrachtet man das elektrisch geladene Partikel und das elektrische Feld zusammen, so müssen die Kraftwirkungen am Partikel um die elektrophoretische Kraft und den elektroosmotischen Fluss ergänzt werden. [4, 6]

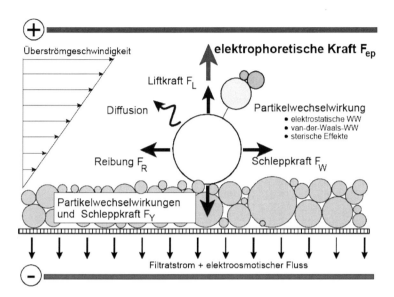

Abbildung 15: Kraftwirkung auf geladene Partikeln im homogenen elektrischen Feld [4]

7.1. Elektrophorese

Es soll ein elektrisches Feld genutzt werden, um der Deckschichtbildung bei der Querstromfiltration entgegen zu wirken. Der dabei neben der Elektroosmose überwiegend genutzte Effekt wird als Elektrophorese bezeichnet und ist die gerichtete Bewegung elektrisch geladener Teilchen in einem elektrischen Feld durch dessen Kraftwirkung [3, 4].

In [4] wird gezeigt, dass unter gewissen Vereinfachungen für ein Zeta-Potential von kleiner als 25 mV und bei dünner elektrochemischer Doppelschicht im Verhältnis zur Partikelgröße eine elektrophoretische Kraft berechnet werden kann. Diese wirkt auf ein geladenes, ruhendes Partikel im elektrischen Feld.

Dieser Ansatz kann für die Aufgabenstellung genutzt werden, um die Wirkung des elektrischen Feldes auf die Querstromfiltration vollständig zu beschreiben.

In Anlehnung an die allgemeine Formulierung für die Beweglichkeit von Ladungsträgern in Gleichung (13) kann nach [4] eine elektrophoretische Wanderungsgeschwindigkeit definiert werden.

$$v_{ep} = E \cdot \mu_{ep} \tag{43}$$

Nach [4] kann somit über die Stokes-Beziehung für ein ruhendes Partikel im elektrischen Feld die elektrophoretische Kraft berechnet werden.

$$F_{ep} = 3 \cdot \pi \cdot \eta \cdot x \cdot E \cdot \mu_{ep} \tag{44}$$

Nach [4, 11] geht das Zeta-Potential dabei wie folgt ein:

$$\mu_{ep} = \frac{\varepsilon_0 \cdot \varepsilon_r \cdot \zeta}{\eta} \tag{45}$$

Es ist denkbar, dass ein elektrischer Stromfluss von einer Kondensatorplatte über die Suspension zur anderen Kondensatorplatte eine Veränderung des Zeta-Potentials bewirken kann. Vereinfachend ist, wie bereits festgelegt, von einem konstanten Wert für dieses auszugehen.

7.2. Elektroosmose

Elektroosmose ist die Bewegung einer Elektrolytflüssigkeit parallel zu einer elektrisch nicht leitenden Oberfläche durch die Wirkung eines elektrischen Feldes [1, 2]. Sie beruht auf der Ausbildung der elektrochemischen Doppelschicht [1]. Elektrisch leitende Oberflächen führen zu einem Ausgleich der Ladungsverteilungen bzw. zu einem Kurzschluss, so dass keine Elektroosmose möglich ist.

In [4, 6] wird auf die Elektroosmose im Kapillarsystem einer Packung oder in porösen Strukturen verwiesen. Im zu entwerfenden Membranmodul ist durch die Elektroosmose eine erhöhte Fluidströmung durch Membran und Deckschicht möglich.

Mit einer Aufladung der Kondensatorplatten des Moduls sind nach [4, 6] der elektroosmotische Fluss und die elektrophoretische Kraft für wässrige Medien zueinander entgegengerichtet. Mit dieser Elektrodenkonfiguration können durch die Wirkung des elektrischen Feldes einerseits Partikeln von der Membran ferngehalten und kann andererseits der Filtratstrom durch die Membran erhöht werden.

In [4] finden sich Angaben zur Berechnung des elektroosmotischen Flusses. Für das zu entwerfende Membranmodul muss dieser nicht berücksichtigt werden.

8. Elektrolyse

Elektrolyse bezeichnet die Aufspaltung einer chemischen Verbindung unter Einwirkung des elektrischen Stroms [1, 2]. Es ist davon auszugehen, dass es sich zumindest bei der kontinuierlichen Phase der im Membranmodul zu filtrierenden Suspension um ein Elektrolyt, also eine stromleitende Flüssigkeit, handelt. Stehen die geladenen Kondensatorplatten über dieses Elektrolyt miteinander in Kontakt, dann fließt zwischen ihnen ein elektrischer Strom, welcher zu elektrolytischen Zersetzungen führt. Jede dieser elektrochemischen Reaktionen ist erst ab einer bestimmten Grenzspannung, der so genannten Zersetzungsspannung, möglich [1].

Handelt es sich bei dem Elektrolyt um Wasser, wovon vereinfachend ausgegangen werden soll, dann wird dieses zu Wasserstoff und Sauerstoff zersetzt. Die minimale Zersetzungsspannung tritt hierfür unter basischen Bedingungen auf und liegt bei 0,4 V [1]. Die somit mögliche Reaktion von Wasserstoff mit Sauerstoff wird als Knallgasreaktion bezeichnet. Neben dieser Zersetzung des Elektrolyts zu gasförmigen Produkten ist die Entstehung neuer Produkte durch die Reaktion der Zersetzungsprodukte mit der Suspension oder dem Filtrat denkbar. Des weiteren können an den Elektroden Substanzen abgeschieden oder die Elektroden zersetzt werden. Elektrolyse kann also zu einer isolierenden Schicht auf den Elektroden und somit beispielsweise zu einer Veränderung des Dielektrikums und dadurch der Kondensatorkapazität führen.

In jedem Fall muss davon ausgegangen werden, dass im Membranmodul elektrolytische Reaktionsprodukte entstehen, die aus diesem abgeführt werden müssen.

Folgende Maßnahmen sind, soweit wie möglich, am Membranmodul umzusetzen:

1. Elektrolytische Zersetzungen vermeiden *Möglichst kein Stromfluss durch elektrolytisch zersetzbare Materialien im oder am Modul oder in dessen Umgebung, wenn die Zersetzungsprodukte ein Sicherheitsrisiko darstellen oder die Qualität des Produkts nachteilig beeinflusst wird. Entsprechend konstruktiv sinnvolle Gestaltung und insbesondere adäquate Isolation und Erdung aller stromführenden Teile.*
2. Elektrolytische Zersetzungen kontrollieren *Überwachen der Menge anfallender Elektrolyseprodukte im Modul und am Arbeitsplatz.*
3. Abführen und Neutralisation der Zersetzungsprodukte

Abbildung 16: Berücksichtigung der Elektrolyse am Membranmodul

Die korrekte Handhabung des Moduls muss gewährleistet und kontrolliert werden. Eine sicherheitstechnische Überwachung der Anlage und deren Umgebung, in welcher das Modul betrieben wird, muss erfolgen. Die Gestaltung der gesamten Anlage ist nicht Bestandteil dieser Projektarbeit. Diese beinhaltet nur die Modulauslegung.

9. Korrosion

Nach DIN EN ISO 8044 ist Korrosion die physikochemische Wechselwirkung zwischen einem Metall und seiner Umgebung. Diese Wechselwirkung ist oft elektrochemischer Natur [1].

Von den verschiedenen Arten der Korrosion bezüglich ihrer Ursache ist für die Gestaltung des Membranmoduls die Metall-Metallionen-Reaktion von besonderer Bedeutung. Diese Korrosionsart tritt auf, wenn zwei unterschiedliche Metalle in das selbe Elektrolyt getaucht werden [1]. Bedingt durch die frei beweglichen Ladungsträger des Elektrolyts und der beiden Elektroden setzt eine Oxidationsreaktion an der als Anode wirkenden Elektrode und eine Reduktionsreaktion an der als Kathode wirkenden Elektrode ein [1]. Dadurch kann es zu einer Zersetzung der Anode kommen. Vergleicht man zwei metallische Elektroden miteinander, dann wird diejenige aus unedlerem Metall zersetzt [1]. Die Kathode bleibt bei diesen Vorgängen erhalten oder es werden Substanzen aus dem Elektrolyt an ihr abgeschieden. Eine entsprechende Zuordnung der Elektroden ist anhand der elektrochemischen Spannungsreihe der Elemente möglich. Unedle Metalle stehen nach dem Vorzeichen des elektrochemischen Potenzials in dieser Reihe tiefer als edle. In Abbildung 17 erfolgte diese Anordnung genau in umgekehrter Reihenfolge. Das elektrochemische Potential steht dabei ganz rechts.

Lithium	Li	$\rightarrow$	Li^+	+	e^-	-3,04 V
Natrium	Na	$\rightarrow$	Na^+	+	e^-	-2,71 V
Magnesium	Mg	$\rightarrow$	Mg^{2+}	+	$2e^-$	-2,36 V
Aluminium	Al	$\rightarrow$	Al^{3+}	+	$3e^-$	-1,6 V
Mangan	Mn	$\rightarrow$	Mn^{2+}	+	$2e^-$	-1,18 V
Zink	Zn	$\rightarrow$	Zn^{2+}	+	$2e^-$	-0,763 V
Eisen	Fe	$\rightarrow$	Fe^{2+}	+	$2e^-$	-0,40 V
Blei	Pb	$\rightarrow$	Pb^{2+}	+	$2e^-$	-0,126 V
Wasserstoff	H_2	$\rightarrow$	$2H^+$	+	$2e^-$	0,00 V
Kupfer	Cu	$\rightarrow$	Cu^{2+}	+	$2e^-$	+0,337 V
Silber	Ag	$\rightarrow$	Ag^+	+	e^-	+0,799 V
Quecksilber	Hg	$\rightarrow$	Hg^+	+	e^-	+0,854 V
Platin	Pt	$\rightarrow$	Pt^{2+}	+	$2e^-$	+1,2 V
Gold	Au	$\rightarrow$	Au^{3+}	+	$3e^-$	+1,5 V

Abbildung 17: Elektrochemische Spannungsreihe der Elemente [1]

Durch die Bewegung der Ladungsträger entsteht zwischen der Anode und der Kathode eine messbare Spannung [1]. Würden die Kondensatorplatten des Moduls aus unterschiedlichen Metallen bestehen und wären diese über die als Elektrolyt wirkende Suspension leitend miteinander verbunden, so würde es zur beschriebenen Korrosion kommen. Des weiteren würde bereits ohne Anlegen einer äußeren Spannung allein durch die beschriebenen elektrochemischen Reaktionen zwischen den Platten eine Spannung entstehen, was zu einem störenden elektrischen Feld zwischen diesen führt. Die Elektroden des Membranmoduls müssen also aus dem selben Metall bestehen. Ebenso ist das Einbringen eines anderen Metalls in dieses Elektroden-Elektrolyt-System zu vermeiden. Dies ist beispielsweise für Stützstrukturen für die Membran zu berücksichtigen. Sollte diese Stützstruktur aus Metall sein, dann unbedingt aus dem selben wie die Elektroden. Die Verwendung von nur einer Metallsorte für alle über die Suspension elektrisch leitend miteinander verbundenen Strukturen am Membranmodul sollte eingehalten werden. Die dann noch mögliche elektrochemische Korrosion durch bewegte Ladungsträger aus der

Suspension ist nur durch räumliche Abgrenzung bzw. elektrische Isolation vermeidbar oder muss als Verschleiß am Modul in Kauf genommen werden.

Des weiteren kann Korrosion vor allem in Zusammenhang mit der strömenden Suspension auftreten, beispielsweise durch mechanische Beanspruchung, durch den pH-Wert der Suspension und durch Wasserstoff oder Sauerstoff aus der Elektrolyse der Suspension. Mechanische Korrosion kann unter anderem durch die Wahl möglichst oberflächenharter Werkstoffe gegen den Reibverschleiß durch Partikeln aus der Suspension reduziert werden. Dies ist ebenso durch eine strömungstechnisch günstige Gestaltung möglich. Bezüglich der verbleibenden Korrosionsarten sollten möglichst edle Metalle oder chemisch inerte Materialien gewählt werden, wenn diese in direktem Kontakt mit der Suspension stehen. Einer bezüglich der Korrosion optimalen Werkstoffauswahl stehen andere konstruktive und wirtschaftliche Aspekte entgegen, so dass die Korrosion nicht vermeidbar sondern nur auf ein Mindestmaß reduzierbar ist.

Korrosion wird nach DIN EN 13445-3, Teil 2 für das Membranmodul als Druckbehälter primär durch Materialzuschläge in der Wanddickenbestimmung berücksichtigt. Des weiteren ist das Modul durch Sicherheitsbeiwerte leicht überzudimensionieren, um eine hohe Lebensdauer zu gewährleisten. Korrosionsvorgänge werden sekundär auch hierdurch abgefangen. Von weiteren Maßnahmen gegen Verschleiß abzusehen ist nach der selben Norm zulässig, weil die Wände des Moduls von beiden Seiten ausreichend geprüft werden können. Eine solche Überprüfung des Moduls auf Funktionsbeeinträchtigungen durch Verschleiß ist regelmäßig vom Betreiber umzusetzen.

10. Modulauslegung

Insgesamt wurden drei Modulvarianten entworfen, um die Wirkung des elektrischen Feldes vollständig untersuchen zu können.

Im einfachsten Fall sind die Kondensatorplatten (Elektroden) über Suspension und Filtrat elektrisch leitend miteinander verbunden. Dies entspricht der *Modulvariante mit innen liegenden, nicht isolierten* (Kondensator-) *Platten*.

Als Gegenteil hierzu ist auch der Fall interessant, in dem kein Stromfluss zwischen den Elektroden auftritt. Hierfür wurde die *Modulvariante mit außen liegenden, isolierten* (Kondensator-) *Platten* entworfen.

Die *Modulvariante mit Ionentauschermembranen* liegt in ihrer Funktionsweise zwischen den beiden zuvor genannten. In dieser Ausführung ist der Stromfluss zwischen den Elektroden mit Hilfe von Ionentauscherkreisläufen regulierbar.

Am Membranmodul gibt es in jeder Variante Teile, die immer die selben sind und solche, die nur in eben dieser Variante auftreten.

Deswegen werden zunächst alle Teile, die immer wiederkehren, besprochen und erst danach wird auf die Untervarianten des Moduls eingegangen.

Für die Modulauslegung festgelegte Größen sind:

- Feststoffkonzentration der Suspension: $c_v < 0,2$ Vol%
- Durchmesser der Partikeln in der Suspension: 0,1 µm
- Zeta-Potential der Suspension: - 20 mV (konstant)
- Temperatur der Suspension: 10 bis 55 ° C
- spezifischer Filtratvolumenstrom: 1000 bis 50 l/m^{2}h
- Überströmgeschwindigkeit der Membran: 2 bis 8 m/s
- Dicke der Membran: < 1 mm
- minimale Höhe des Kanals über der Membran: 3 mm
- gewünschte Breite der effektiven Filterfläche: 30 mm (max. 50 mm zulässig)
- Höhe der Stützstruktur für die Membran: 3 mm
- Material der Stützstruktur für die Membran: Polyethylen (PE)
- nominale Trenngrenze der Stützstruktur: 10,0 µm
- maximaler Überdruck im Modul: 3 bar
- Anschlussgewinde für Zu- und Ableitung der Suspension: 1/2"
- Anschlussgewinde für Kühlkreisläufe: 1/2" oder 3/8"

Der für die Ausführung des Moduls grundsätzlich zu verwendende Werkstoff ist Plexiglas (Polymethylmethacrylat/PMMA). Für die Elektroden wird Kupfer eingesetzt. Sollte die Verwendung weiterer Werkstoffe notwendig sein, so wird auf diese an der entsprechenden Stelle eingegangen.

Bei dem Modul handelt es sich um einen Druckbehälter aus Plexiglas. Für diese Werkstoffwahl existieren im Gegensatz zu metallischen Werkstoffen keine Normen, mit deren Hilfe der Druckbehälter dimensioniert werden könnte. Deswegen sind Berechnungen zur mechanischen Auslegung des Membranmoduls nur mit Hilfe allgemein gültiger Ansätze der technischen Mechanik möglich.

Als Orientierung für Auslegungsfragen wurden des weiteren die folgenden Quellen eingesehen:

- die Kesselformel (Druck-Bauteillast-Umrechnung)
- AD 2000-Regelwerk (Dichtungen)
- DIN 267/2510 (Schraubenverbindungen)
- DIN 28030 (Apparateflansche mit Schrauben)
- DIN 2510 (Dehnschrauben)

Für den dreidimensionalen Entwurf aller Bauteile wurde die Software ProEngineer als Studentenversion genutzt. Dies erwies sich, wie beabsichtigt, als sehr hilfreich für die Visualisierung der Bauteile. Insbesondere deren virtueller Zusammenbau und die dadurch schnelle Kontrolle des Zusammenpassens aller Teile ist hervorzuheben. Ebenso war das Prüfen, ob wirklich an allen Stellen des Moduls die notwendigen Dichtungen vorgesehen wurden, verhältnismäßig einfach möglich. Des weiteren ist die Diskussion konstruktiver Details im dreidimensionalen Modus häufig einfacher. Beim Ableiten der Werkstattzeichnungen wird ausgeschlossen, dass Darstellungsfehler unterlaufen.

Als problematisch erwies sich lediglich, dass nicht alle durch die Norm geforderten Aspekte, wie Bohrungskreuze und Symmetrielinien, durch die Software automatisch erzeugt werden. Ebenso weißt die automatische Bemaßung arbeitstechnische Mängel auf, was nur durch ein Mehr an zeitlichem Aufwand ausgeglichen werden kann.

Diese Nachteile werden aber auch dadurch ausgeglichen, dass zur Überprüfung der Auslegungsrechnungen nach dem Abschluss des Entwurfs eine Analyse der Bauteile mit der Finiten-Elemente-Methode unter ProEngineer möglich ist.

Diese wurde für die kritischsten Bauteile durchgeführt und lieferte aussagekräftige Ergebnisse zu Spannungen und Verschiebungen. Anhand der Spannungen sind Aussagen zum Bauteillastverhalten möglich. Die Verschiebungen liefern unter anderem Informationen für die Beurteilung der Dichtheit des Moduls.

Für die Interpretation der Simulationsergebnisse ist zu beachten, dass nur starre Lager an Eckpunkten des Bauteils, Bauteilkanten und Bauteiloberflächen erzeugt werden können. So kann beispielsweise das elastische Aufliegen eines Bauteils auf einem anderen nicht simuliert werden. Des weiteren sind die Ergebnisse der Simulation mit einem maximalen Fehler von $\pm10\%$ für die Analyse von Einzelteilen belastet. Eine Simulation des Moduls im montierten Zustand ist realitätsnah nicht möglich.

Die Bauteilgestaltung erfolgte auf Grundlage der im Werkstoffbuch der Technischen Universität Kaiserslautern angegebenen Materialien und Halbzeuge, so dass jede Modulvariante sofort gefertigt werden kann. Werkstoffkennwerte kann die Werkstatt der Technischen Universität Kaiserslautern leider nicht zur Verfügung stellen. Deswegen wurden diese für Plexiglas und Kupfer benötigten Werte umfassend recherchiert. Die zugehörigen, essentiellen Produktdatenblätter finden sich in den Anlagen zu dieser Arbeit. Für Berechnungen wurden immer die ungünstigsten der recherchierten Stoffkennwerte verwendet. Die auf den Einzelteilzeichnungen angegebenen Materialien decken sich in ihren Eigenschaften mit den nachfolgend gemachten Angaben. Die Quellen der Daten nach Abbildung 18 und Abbildung 19 sind in den MathCAD-Sheets ab Seite 134 der vorliegenden Arbeit angegeben.

Festigkeitskennwerte Plexiglas	
Werkstoffkennwert	Zuordnung unter MathCAD
zulässige Zugfestigkeit	$\sigma\_zug\_zul\_pmma := 10.5 \cdot \dfrac{N}{mm^2}$
zulässige Biegefestigkeit	$\sigma\_bieg\_zul\_pmma := 69 \dfrac{N}{mm^2}$
E-Modul	$E\_pmma := 1800 \dfrac{N}{mm^2}$
Querkontraktionszahl	$\nu\_pmma := 0.4$
Schubmodul	$G\_pmma := 1700 \dfrac{N}{mm^2}$
zulässige Scherfestigkeit	$\tau\_zul\_pmma := 31.03 \dfrac{N}{mm^2}$
thermischer Längenausdehnungskoeffizient	$\alpha\_pmma := 11 \cdot 10^{-5} \cdot \dfrac{1}{K}$

Abbildung 18: Festigkeitskennwerte Plexiglas (PMMA)

Festigkeitskennwerte Kupfer	
Werkstoffkennwert	Zuordnung unter MathCAD
zulässige Zugfestigkeit	$\sigma\_zug\_zul\_cu := 170 \dfrac{N}{mm^2}$
zulässige Biegefestigkeit	$\sigma\_bieg\_zul\_cu := 110 \dfrac{N}{mm^2}$
E-Modul	$E\_cu := 102000 \dfrac{N}{mm^2}$
Querkontraktionszahl	$\nu\_cu := 0.368$
Schubmodul	$G\_cu := 46000 \dfrac{N}{mm^2}$
zulässige Scherfestigkeit	$\tau\_zul\_cu := 140 \dfrac{N}{mm^2}$
thermischer Längenausdehnungskoeffizient	$\alpha\_cu := 20.0 \cdot 10^{-6} \cdot \dfrac{1}{K}$

Abbildung 19: Festigkeitskennwerte Kupfer

Plexiglas ist ein sehr spannungsrissempfindlicher, harter und spröder Werkstoff, der im Kontakt mit Flüssigkeiten besonders schnell altert. Für Berechnungen wird der Wert von 10,5 N/mm² für die Zugfestigkeit verwendet, um das Zeitstandverhalten nach [16] zu berücksichtigen. Alle anderen Stoffkennwerte für PMMA waren nach den recherchierten Quellen eindeutig.

Oberflächen aus PMMA am Modul müssen kerb- und kratzerfrei hergestellt werden, was Ausdruck in einer Allgemeintoleranz ISO 2768 mK für die Bauteile findet. Das Material darf nicht mit Alkohol, Benzin, Aceton oder anderen organischen Lösemitteln gereinigt werden, weil die Spannungsrissempfindlichkeit dadurch erheblich zunimmt. Eine solche, falsche Handhabung des Werkstoffs wird in der Auslegung nicht berücksichtigt. Es schrumpft durch Alterung um 2% bis 6%. Die maximale Gebrauchstemperatur liegt bei 65 °C. PMMA ist beständig gegen schwache Säuren und Laugen. Ab einer Temperatur von 50 °C kann Wasser den Werkstoff schädigen. [15, 16]

Die Auslegung des Moduls geht von einem langsamen Hochfahren aus. Das heißt, die Steigerung von beispielsweise Volumenströmen, Drücken, Ladungen, Spannungen und Temperaturen muss in einer angemessenen Geschwindigkeit erfolgen. Nach dem Erreichen des stationären Zustandes sind für diesen plötzliche, starke Schwankungen in den Betriebsparametern zu vermeiden. Es wird deswegen empfohlen, zunächst möglichst langsam und erst nach dem Sammeln von Erfahrungen für den Betrieb des Moduls Experimente angemessen zügiger durchzuführen, wenn dies erforderlich ist. Sollte dennoch ein Schadensfall eintreten, sind danach alle Bauteile auf ihre Funktionstüchtigkeit zu überprüfen.

In den nachfolgenden Kapiteln können die unterschiedlichen Modulvarianten aus Platzgründen nicht vollständig sondern nur mit Hilfe kennzeichnender Details dargestellt werden. Die Zusammenbauzeichnungen mit den zugehörigen Stücklisten und die Einzelteilzeichnungen befinden sich in den Anlagen zu dieser Arbeit. Insbesondere wurde in den Unterkapiteln 10.2., 10.3. und 10.4. auf die zusätzliche Abbildung der Zusammenbauzeichnung verzichtet. Diese ist im Format DIN A4 zu klein.

10.1. In allen Modulvarianten wiederkehrende Bauteile

Die hier besprochenen Bauteile sind in jeder montierten Modulvariante die selben. Beispielsweise wird für die Modulvariante mit innen liegenden, nicht isolierten Platten der selbe Grundkörper montiert wie für die Modulvariante mit außen liegenden, isolierten Platten und die Modulvariante mit Ionentauschermembranen.

10.1.1. Der Grundkörper

Dieses Bauteil ist das als erstes entworfene und gleichzeitig das wichtigste aller Modulvarianten. An ihm findet der Filtrationsvorgang statt, es trägt auf seiner Oberfläche die Filtrationsmembran. Es liegt zwischen den jeweiligen Kondensatorplatten. Material des Grundkörpers ist Plexiglas.

Über die Oberseite des Grundkörpers wird die Suspension geführt. In der Ansicht des Grundkörpers von oben ist die zentrale, rechteckige Vertiefung zur Aufnahme der Stützstruktur aus Polyethylen, welche nicht dargestellt wird, zu erkennen. Diese Stutzstruktur wird von unten durch die sichtbare Balkenstruktur im Grund der Vertiefung getragen. Von oben liegt auf die Stützstruktur aus Polyethylen die Filtrationsmembran, ebenfalls nicht dargestellt, auf. Die Filtrationsmembran wird bis in die um die Vertiefung für die Stützstruktur umlaufende, rechteckige Vertiefung geführt und dort durch einen in Abbildung 20 nicht dargestellten Rahmen geklemmt. Diese Vertiefung für den Rahmen weißt an ihren kurzen Seiten insgesamt vier Eingriffshilfen zum Herausheben des Rahmens nach der Filtration auf. Außen umschlossen wird der Filtrationsbereich durch eine spitz zulaufende Dichtringnut, die wiederum von den Bohrungen zur Durchführung der Schrauben zum Montieren des Moduls eingeschlossen wird. Der Grundkörper ist 798 mm lang und 180 mm breit.

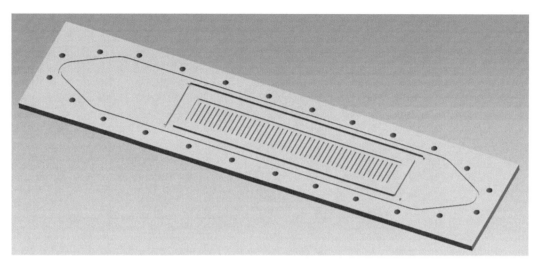

Abbildung 20: Ansicht Grundkörper von oben

In der Darstellung des Grundkörpers von unten ist abermals die zentrale Balkenstruktur zu erkennen. Die Balken weißen in ihrer Mitte alle eine Erhöhung auf, welche auf einer Linie liegen. Durch die Lücken zwischen den Balken tritt das Filtrat. Die in Abbildung 21 deutlich zu erkennende, an der Unterseite der Balken vorbei geführte längliche Vertiefung ist der Kanal zum Abführen des Filtrats. Dieser wurde so gestaltet, dass neben dem Abführen auch ein Umpumpen bzw. die Kreisführung des Filtrats möglich ist. Suspensionskanal und Filtratkanal liegen deckungsgleich übereinander. Der Filtratkanal wird wiederum durch eine umlaufende, spitz zulaufende Dichtringnut begrenzt, welche abermals von den Bohrungen für die Schrauben eingeschlossen wird. Die Dichtringnut auf der Oberseite und der Unterseite des Grundkörpers liegen deckungsgleich übereinander. In den äußeren Ecken des Grundkörpers von unten sind Bohrungen zur Aufnahme von Zentrierstiften zu erkennen.

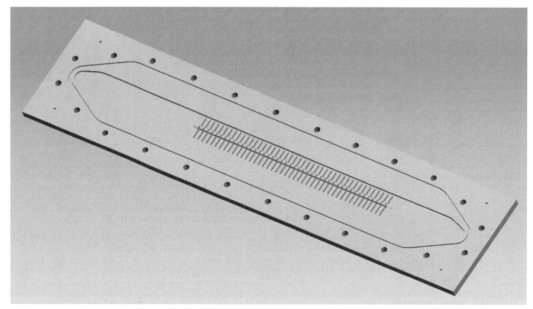

Abbildung 21: Ansicht Grundkörper von unten

Im Vergleich verschiedener Quellen zu früheren Untersuchungen der Querstromfiltration mit überlagertem elektrischen Feld liefert [4] eine maximale elektrische Feldstärke von 30.000 V/m. Anhand Gleichung (23) erkennt man, dass für diese angestrebten hohen elektrischen Feldstärken am Plattenkondensator ein möglichst geringer Plattenabstand notwendig ist. Der Grundkörper war demzufolge als plattenförmiges, möglichst dünnes Bauteil zu gestalten.

Zum Erreichen eines minimalen Plattenabstandes wurde die Entscheidung getroffen, das Modul auch als ganzes in Plattenbauweise (Sandwich-Bauweise) auszuführen. Dabei war auf eine vom Fertigungsaufwand her angemessene Gestaltung der Bauteile zu achten.

Besonders diese Bauform bietet die Möglichkeit, die Gesamtteilezahl für alle Modulvarianten so niedrig wie möglich zu halten, indem einzelne Bauteile in jeder Variante wiederverwendet werden. Die Fertigungszeit wird reduziert. Versuche an den verschiedenen Modulvarianten können leicht miteinander verglichen werden.

Durch die Plattenbauweise wurde eine konsequente Umsetzung eines Hygienic Design möglich. Alle Bauteile sind gut zugänglich und können leicht gereinigt werden.

Das Modul wurde in Offenkanalbauweise ausgeführt. Durch einen Spacer kann dann die Kanalhöhe für die Suspension und somit deren Strömungseigenschaften, aber auch der Plattenabstand und somit die elektrische Feldstärke variiert werden. Diese Offenkanalbauweise beeinflusst direkt die Gestaltung des Grundkörpers.

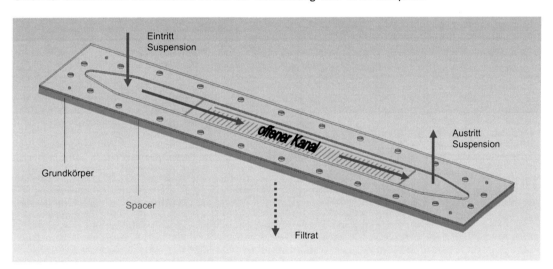

Abbildung 22: Offenkanalbauweise

Des weiteren wurde eine strömungstechnisch möglichst günstige Gestaltung gefordert, was die Minimierung der Verlustbeiwerte für Strömungsvorgänge bedeutet. Dafür sollte zu Beginn der Entwurfsphase der Suspensionsstrom nicht wie in Abbildung 22 senkrecht, sondern parallel zur Oberfläche des Grundkörpers und somit auch parallel zu der in diesen eingebetteten Filtrationsmembran ein- und austreten. Einen sinnvollen Entwurf hierfür zeigt die nachfolgende Abbildung.

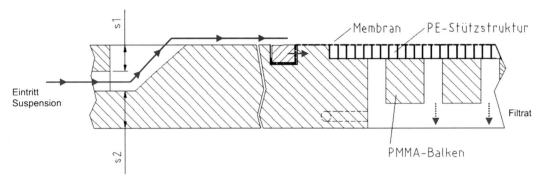

Abbildung 23: Grundkörper mit flachem Suspensionseintritt

Die Anschlussmaße für die Zu- und Ableitung von Flüssigkeitsströmen am Modul wurden zu 1/2" und 3/8" vorgegeben. Zu diesen Durchmessern von 20,96 mm bzw. 16,66 mm kommen Materialzuschläge zur Aufnahme der herrschenden Beanspruchungen, in Abbildung 23 als s1 und s2 bezeichnet.

Erste, überschlägige Rechnungen zeigten, dass die mögliche, minimale Plattendicke des Grundkörpers deutlich unter den Maßen der Anschlüsse liegt. Dichtungstechnisch ist es aber ohne erheblichen Aufwand nicht möglich, das Modul von den Anschlüssen weg zu verjüngen und somit den Grundkörper so dünn wie materialtechnisch nur möglich zu gestalten.

Deswegen sollte letztlich einem minimalen Plattenabstand der Vorrang vor dem Ein- und Austritt des Suspensionsstroms in Längsrichtung des Grundkörpers gegeben werden. Der Ein- und Austritt wurde deswegen als senkrecht zur Oberfläche des Grundkörpers festgesetzt, wie bereits in Abbildung 22 vorweggenommen. Ein- und Auslaufstrecken zur Beruhigung der Strömung vor und nach der Filtrationsmembran wurden zu 200 mm und 100 mm vorgegeben. Ausgeführt beträgt diese für den Einlauf 208 mm, für den Auslauf 118 mm. Somit können trotz dieser Änderung für den Ein- und Austritt des Suspensionsstroms über der Filtrationsmembran gleiche Strömungsbedingungen eingestellt werden.

Nach Klärung dieser allgemeinen Randbedingungen konnte damit begonnen werden, die genauen Dimensionen des Grundkörpers in einem Optimierungsprozess zu bestimmen.

Der Grundkörper wurde dafür ausgehend vom seiner zentralen Aufgabe, dem Tragen der Filtrationsmembran, entworfen. Deswegen war zunächst die Frage nach der Art und Weise der Aufnahme der Membran zu klären.

Die Druckdifferenz über die Filtrationsmembran von der Suspensions- zur Filtratseite soll maximal 3 bar betragen. Deswegen muss die Filtrationsmembran flächig aufgelagert werden, idealer Weise auf eine hochporöse Struktur. Diese muss nicht-metallisch sein, um das elektrische Feld nicht zu stören. Die Wahl fiel auf ein hochporöses Halbzeug aus Polyethylen. Diese relativ flexible Stützstruktur, auf welcher die Filtrationsmembran nun aufliegt, ist vom Grundkörper zu tragen. Im Betrieb darf sich die Stützstruktur weder nach oben noch nach unten wölben. Als günstigste Lösung wurde dafür eine Balkenstruktur unterhalb der Stützstruktur gefunden. Der Balkenabstand wurde so gewählt, dass kein Biegen der PE-Stützstruktur durch den stets von oben auf diese wirkenden Suspensionsüberdruck nach unten zu erwarten ist. Ein Biegen nach oben wird durch den stets herrschenden Überdruck auf Suspensionsseite ausgeschlossen. Die Filtrationsmembran wird durch einen umlaufenden, rechteckigen Rahmen im Grundkörper fixiert und kann dadurch während des Filtrationsvorganges nicht hinterspült werden. Entscheidend ist hier, dass dieser Rahmen auf seinen Längsseiten durch den Spacer verdeckt und dadurch fixiert wird. Die Filtrationsmembran wird ebenfalls auf ihren Längsseiten durch den Spacer verdeckt und somit zusätzlich fixiert. So wird ein Aufschwimmen der PE-Stützstruktur vermieden.

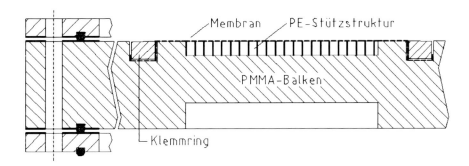

Abbildung 24: Filtrationsmembran - Stützstruktur - Balkenstruktur Grundkörper

Diese Balkenstruktur ist die dünnste Stelle des Grundkörpers, welcher sich um diese herum aufbaut. Deswegen ist das Höhenmaß dieser Balken verantwortlich für die resultierende Höhe des Grundkörpers und somit für den Plattenabstand. Nur wenn die Balkenabmaße mit dem Ziel einer minimalen Höhe optimiert sind, wird der sich um diese herum aufbauende Grundkörper das optimale Höhenmaß tragen.

Die im ersten Schritt durchzuführende Auslegung und Optimierung der Balkenstruktur erfolgte mit Hilfe der Software MathCAD, Version 2001. Die zugehörige Datei befindet sich in den Anlagen zu dieser Arbeit, sowohl auf CD als auch gedruckt ab Seite 134.

Nachfolgend wird der sehr ausführliche Rechengang unter MathCAD nur auszugsweise dargestellt, um diesen übersichtlich zu gestalten und dadurch die erzielten Ergebnisse besser hervorzuheben. Neben der Optimierung der Balkenabmaße werden auch sonstige Sicherheitsrechnungen für den Grundkörper erklärt. Die Richtigkeit der Berechnungen mit MathCAD wird durch die im Anschluss erfolgten FEM-Simulationen bestätigt.

Das MathCAD-Sheet beginnt mit den Festigkeitskennwerten für Plexiglas und Kupfer, wie bereits in Abbildung 18 und Abbildung 19 dargestellt.

Die Balkenstruktur liegt direkt unter der effektiven Filterfläche, deren Breite zu 50 mm vorgegeben wurde. Um die notwendige Länge der Filterfläche und somit der Balkenstruktur abschätzen zu können, wurde ein Abscheidekriterium in Anlehnung an Sedimentationsvorgänge nach [3] definiert:

„Ein Partikel befindet sich in Strömungsrichtung der Suspension genau am Anfang der Membran auf der Oberfläche der selbigen (Pos. 1). Idealerweise bewegt es sich mit der Strömung (horizontale Kraft F_h) und unter Einwirkung des elektrischen Feldes (vertikale Kraft F_v) von diesem Ort bis an die Kanaldecke (Pos. 2). Dazu muss die Höhe des Kanals h_k überwunden werden. Die dafür benötigte Zeit kann aus der Wanderungsgeschwindigkeit eines geladenen Partikels im elektrischen Feld berechnet werden. In der selben Zeit bewegt sich das Partikel näherungsweise mit der Strömungsgeschwindigkeit der Suspension eine bestimmte Strecke längs zur Membran. Diese Strecke ist die benötigte Länge der effektiven Filterfläche."

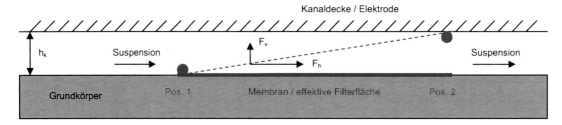

Abbildung 25: Veranschaulichung Abscheidekriterium

Abbildung 25 gibt diesen Ansatz wieder. Gut zu erkennen ist die Annahme, dass sich das Partikel bis zur Elektrode bewegt. Für die Reduzierung der Deckschichtbildung ist nur ein Transport des Partikels bis in den Suspensionsstrom und dessen Verharren in diesem notwendig, so dass es mit der Suspension abtransportiert und nicht auf der Membran abgelagert wird. Mit der getroffenen Vereinfachung kann aber abgeschätzt werden, in welcher Größenordnung denn die Länge der Filterfläche ungefähr liegen sollte.

Im beigefügten MathCAD-Sheet wird hierfür zunächst aus der Dielektrizitätskonstanten, der Dielektrizitätszahl von reinem Wasser, dem vorgegebenen Zeta-Potential und der dynamischen Viskosität von Wasser bei 20 °C die elektrophoretische Mobilität μ_{ep} berechnet.

Mit dieser und der in [4] gefundenen, maximal verwendeten elektrischen Feldstärke älterer Untersuchungen wird die maximale elektrophoretische Wanderungsgeschwindigkeit berechnet. Ebenso angegeben ist die elektrophoretische Kraft, was in Abbildung 25 der vertikalen Kraft F_v entspricht. Mit der minimalen Kanalhöhe von 3 mm und der berechneten Geschwindigkeit wird die Zeit bis zum Erreichen der Kanaldecke bestimmt. Diese beträgt rund 7 Sekunden. In dieser Zeit wird schon bei einer minimalen Überströmgeschwindigkeit der Membran mit 2 m/s in horizontaler Richtung eine Strecke von rund 14 Metern zurückgelegt.

Dieses Ergebnis für die Länge der effektiven Filterfläche zeigt, dass Partikeln in älteren Modulbauarten tatsächlich nur von der Filtrationsmembran ferngehalten, aber nicht an der Oberseite des Kanals abgeschieden werden. In keiner dieser älteren Varianten [4, 7] wurde eine solche Länge auch nur annähernd umgesetzt. Die Bildung einer Partikelschicht an der Kanaloberseite ist ebenso ungünstig wie eine Deckschichtbildung auf der Filtrationsmembran. Demnach kann die Länge der Filterfläche relativ frei festgesetzt werden. Es wurde die Länge von 360 mm gewählt.

Die effektive Filterfläche des Moduls beträgt also 50 mm Breite x 360 mm Länge = 0,018 m^2. In der nachfolgenden Abbildung ist die Vertiefung, in welche die Stützstruktur aus Polyethylen in den Grundkörper bündig und plan eingesetzt wird, flächig rot markiert. Der dick rot markierte, umlaufende obere Rand ist die Begrenzung der effektiven Filterfläche. Die Ein- und Auslaufstrecke der Suspension enden an den kurzen Seiten dieses Randes. Die Filtrationsmembran wird über diesen Rand hinaus bis in die dargestellte rechteckige Vertiefung geführt und dort durch den Rahmen geklemmt. Die effektive Filterfläche und die plane Oberfläche der Stützstruktur im Grundkörper sind also identisch.

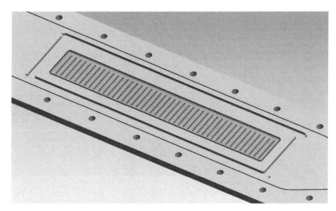

Abbildung 26: effektive Filterfläche

Der Boden der in Abbildung 26 flächig rot markierten Vertiefung ist die Oberfläche der Balkenstützstruktur. Die Oberfläche aller Balken ist kleiner als die effektive Filterfläche. Das MathCAD-Sheet setzt mit der Berechnung der für die effektive Filterfläche benötigten Balkenanzahl fort (S.138 ff.).

Die Vertiefung zur Aufnahme der PE-Stützstruktur trägt in ihrem Grund auf den Längsseiten einen Rand von 5 mm und auf den kurzen Seiten von 7 mm Breite.

Die effektive Filterfläche abzüglich der Fläche des umlaufenden Randes ist der Bereich, der durch die Anordnung von Balken zu gestalten ist. Aus der Balkenbreite vom 6 mm und dem Balkenabstand von 2 mm wird die für diese Fläche benötigte Balkenanzahl berechnet und dieser Rechenwert durch Rundung in eine verwertbare Stückzahl umgewandelt. Radien im Balkenfuß bleiben unberücksichtigt. Der Grundkörper trät in der besten Ausführung 43 Balken.

Zum besseren Verständnis des MathCAD-Sheets sei angemerkt, dass das Breitenmaß des umlaufenden Randes auf den kurzen Seiten erst nach abgeschlossener Balkenoptimierung berechnet werden kann.

Bei der Wahl des Balkenabstandes wurde auch das verfügbare Maß von Fräsern berücksichtigt, deren Durchmesser beispielsweise bei 2 mm liegt. Die Radien im Balkenfuß ergeben sich aus den Maßen des Fräsers. Dieser wird zwischen den Balken eingesetzt, geradlinig verfahren und aus dem Werkstück gehoben.

Nach Bestimmung der notwendigen Balkenanzahl beginnt die Festigkeitsberechnung der Balken (S. 140 ff.). Im Entwicklungsprozess waren die dabei erhaltenen Ergebnisse rückwärts einzusetzen in die Bestimmung der Balkenanzahl.

Die Festigkeitsberechnung beginnt mit der Bestimmung des auf die effektive Filterfläche wirkenden Suspensionsüberdrucks von 3 bar. Der Druck auf der Suspensionsseite ist stets höher als auf der Filtratseite und höher als in den Kreisläufen von Ionentauscherflüssigkeit. An keiner Stelle im Modul soll ein höherer Überdruck als 3 bar auftreten.

Der Kraftfluss dieser 3 bar Überdruck erfolgt von der Suspension über die Filtrationsmembran auf die effektive Filterfläche und von dieser über die Stützstruktur aus Polyethylen weiter auf die Balkenoberfläche. Dieser Kraftfluss wird als verlustfrei angenommen.

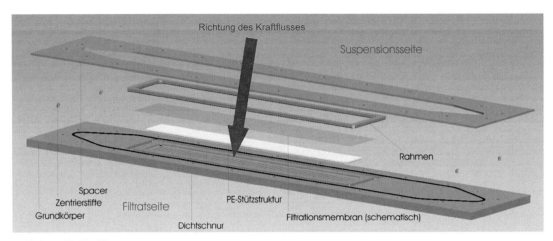

Abbildung 27: Kraftfluss

Für die Balkenauslegung wird der Suspensionsüberdruck mit Hilfe der effektiven Filterfläche in die Gesamtkraft umgerechnet, die durch die Balken aufzunehmen ist. Es erfolgt die Verwendung der effektiven Filterfläche und nicht der Balkenoberfläche, weil sich dann eine größere Gesamtkraft ergibt. Dies gibt den ungünstigsten Lastfall einer vollständig mit Partikeln verschlossenen Filtrationsmembran wieder. Es wird angesetzt, dass die Gesamtkraft durch alle Balken gemeinsam und gleichmäßig aufgenommen wird, was einem planen Aufliegen der PE-Stützstruktur auf alle Balken entspricht. Dividiert man die Gesamtkraft durch die Balkenanzahl, dann erhält man die Kraftwirkung auf einen einzelnen Balken. Die Optimierung der Balkenabmaße wird anhand dieses Lastfalls an einem einzelnen Balken durchgeführt. Dazu wird die an einem Balken angreifende Flächenlast mit Hilfe der zugehörigen Querschnittsfläche des Balkens in eine Spannung umgerechnet.

Abbildung 28 veranschaulicht dieses Vorgehen. Beispielsweise wirkt in einem Hohlzylinder ein Druck p_1, der größer ist als der Umgebungsdruck p_2. Die Druckdifferenz kennzeichnet die Last auf den Hohlzylinder. Es kann angesetzt werden, dass diese Drucklast auf eine gedachte Fläche A1 oder B1 im Inneren des Zylinders wirkt. Der Druck kann dann, wie bereits beschrieben, mit Hilfe der Fläche A1 oder B1 in eine Kraft umgerechnet werden. Diese Kraft ist durch die Querschnittsflächen A2 bzw. B2 des Zylinders aufzunehmen, was einer Spannung, also einem Stoffkennwert, entspricht.

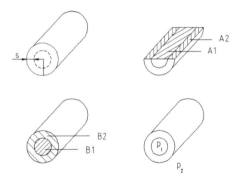

Abbildung 28: Druck-Spannungs-Umrechnung

Diese berechnete Spannung wird für das Modul dann mit den zulässigen Stoffkennwerten verglichen und aus dem Verhältnis der beiden ein Sicherheitsfaktor gegen Versagen berechnet.

Die erste berechnete Beanspruchung ist die durch Biegung. Der einzelne Balken wird dafür als links und rechts fest eingespannt angenommen. Der Differenz der Drücke p1 auf der Suspensionsseite und p2 auf der Filtratseite liefert die in Abbildung 29 von oben auf den Balken wirksame Drucklast von 3 bar.

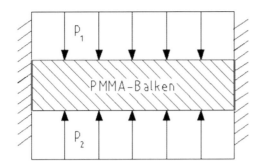

Abbildung 29: Lastfall PMMA-Balken

Einschlägige Handbücher zur technischen Mechanik, beispielsweise [13], liefern die für diesen Lastfall anzuwendenden Formeln. Der umlaufende Rand von 5 mm Breite wird bei den Berechnungen zur Biegebeanspruchung mit in die Balkenlänge einbezogen. So werden höhere Belastungen am Balken angenommen, als tatsächlich auftreten, wodurch man mit der Auslegung auf der sicheren Seite liegt.

Die Berechnungen beginnen mit der Bestimmung des maximalen Biegemoments, welches im Balkenfuß liegt.

Bei der Zuordnung des Widerstandsmoments gegen Biegung ist folgendes zu beachten. Bei einer Belastung des Balkens von oben ist es vorteilhaft, dem Balkenquerschnitt ein größeres Höhenmaß als Breitenmaß zu geben. Dann ist das Widerstandsmoment gegen diese Last größer als bei einem flachen Balken. Es wurde ein Optimum bei gleichen Werten für die Höhe und die Breite des Balkens gefunden.

Vergleicht man das Ergebnis der auftretenden Biegespannung mit dem zulässigen Wert für diese, so erhält man eine Sicherheit gegen Versagen durch Biegebeanspruchung von 4,8.

In nächsten Schritt wird unter Verwendung der Flächenmomente zweiter Ordnung die maximale Durchbiegung des Balkens in der Mitte berechnet, die bei 0,21 mm liegt. Dieser doch recht hohe Wert für die Durchbiegung verdeutlicht die Annäherung an ein werkstoffseitiges Grenzmaß für die Balken.

Mit Hilfe des sich daraus ergebenden Scherwinkels und des Schubmoduls kann für den Balkenfuß, als am stärksten beanspruchte Stelle, eine Scherspannung genähert werden. Die Sicherheit gegen Versagen durch eine solche Scherung infolge Biegung liegt bei 2,2.

Dieser Sicherheitsbeiwert ist der niedrigste von allen berechneten. In der FEM-Analyse sollte sich zeigen, dass sich tatsächlich im Balkenfuß besonders hohe Spannungen aufbauen, die mit der einfachen technischen Mechanik an dieser Stelle der Arbeit nicht berechnet werden können.

Nächster Schritt ist die Überprüfung der Sicherheit gegen Abscheren senkrecht zum Balken. Diese Richtung entspricht der Wirklinie der in Abbildung 29 dargestellten Drücke. Dazu muss zunächst die Balkenlänge von 50 mm für die Berechnungen zur Biegebeanspruchung auf das tatsächliche Maß von 40 mm Länge zurück gesetzt werden, weil ein solches Abscheren im Übergang vom Balkenfuß zum umlaufenden Rand auftreten würde.

Abermals erfolgt eine Umrechnung der Drucklast von 3 bar, diesmal in eine Scherspannung. Die Sicherheit gegen Versagen durch senkrechtes Abscheren liegt bei 8,9.

Wenn die Suspension die Filtrationsmembran durchschlägt, baut sich im Raum zwischen den Balken eine Drucklast auf. Stark vereinfacht würde diese bei 3 bar liegen. Dadurch ergibt sich eine Zugbeanspruchung der Balken, welcher mit einer Sicherheit von 20,5 Stand gehalten wird.

Für den Lastangriff an Bauteilen ist auch die Überprüfung der Druckfestigkeit von Bedeutung. Leider konnten für Plexiglas keine dahingehenden Stoffkennwerte ermittelt werden. Die Kraftwirkung der Suspension allein durch deren Druck von 3 bar auf den Grundkörper liegt bei rund 30 Gramm Masse auf 1 mm^2 Plexiglas. Es wird davon ausgegangen, dass Plexiglas dieser Belastung problemlos standhält.

Torsionsbeanspruchung tritt an den Balken nicht auf. Letzter Rechnungsschritt an den Balken ist somit die thermische Belastung (S. 145 ff.).

Der Temperatureinfluss am Membranmodul kann nur grob abgeschätzt werden und wurde insofern berücksichtig, dass die konstruktive Gestaltung für den ungünstigst möglichen Fall erfolgte.

Für die Balken wurde angesetzt, dass Suspension und Filtrat eine Temperatur von 55 °C haben. Das Modul soll in einer Umgebung mit der Temperatur von 10 °C stehen. Dann wären die Balken näherungsweise in einen starren, sich nicht verformenden Rahmen eingespannt. Eine Längsdehnung der Balken durch die Temperaturdifferenz von 45 K führt zu Spannungen in diesen.

Das verallgemeinerte HOOK'sche Gesetzt [13], liefert dann eine Ausdehnung von 0,2 mm in Längsrichtung der Balken. Die Sicherheit gegen ein Versagen durch die auftretenden Druckspannungen in Balkenlängsrichtung liegt bei 1,2.

Die Durchwärmung des Grundkörpers erfolgt wesentlich gleichmäßiger als für diese Berechnung angenommen. Deswegen sind die tatsächlich auftretenden Spannungen niedriger als die berechneten. Auch wenn dieser Ansatz eine starke Vereinfachung darstellt, macht er doch deutlich, dass der Grundkörper an der Stelle, wo die stärkste thermische Belastung zu erwarten ist, ausreichend dimensioniert wurde.

Die Breite und Höhe jedes Balkens beträgt im Optimum somit 6 mm. Jeder Balken ist 40 mm lang, wenn jeweils 5 mm umlaufender Rand im Auslauf des Balkens nicht berücksichtigt werden.

Die nachfolgende Abbildung zeigt die Balkenstützstruktur von unten. Man sieht, dass in der Balkenmitte eine Erhöhung von 3 mm Höhe sitzt, welche sich nach Abbildung 21 über die gesamte Länge der Balkenstützstruktur im Filtratraum zieht. Im Auslauf dieser Erhöhungen ist am jeweiligen Ende ein Keil vorgesehen, welcher die Strömung bei Kreisführung des Filtrats teilt. Aufgabe dieser Erhöhung von 3mm, was der Filtratraumhöhe entspricht, ist, die Durchbiegung der Balken aufzunehmen und an die tiefer liegenden Bauteile abzuführen. Dadurch wird eine Reduzierung der Filtratraumhöhe durch die Balkenbiegung, speziell auch beim Führen des Filtrats im Kreislauf, vermieden. Ebenso werden die Spannungen im Balkenfuß durch diese zusätzliche Lagerung reduziert, da die Möglichkeiten des Werkstoffs Plexiglas für die Balken bis in den Grenzbereich hinein ausgeschöpft wurden. Dies wird besonders in der FEM-Analyse des Grundkörpers deutlich. Gut zu erkennen ist auch, dass eine Spannungsreduktion im Balkenfuß durch das Vorsehen von Radien umgesetzt wurde. Die Erhöhung selbst trägt an ihrem Kopf eine Phase, um Kantenbruch und eine Schädigung der in der Modulvariante mit Ionentauschermembranen direkt unter dem Filtratraum liegenden Ionentauschermembran zu vermeiden. Gleichzeitig verhindern die Erhöhungen ein

Aufwölben der Stützstruktur für die Ionentauschermembran beim Betrieb ohne Ionentauschergitter und ein Aufwölben der Ionentauschermembran selbst in den Filtratraum hinein.

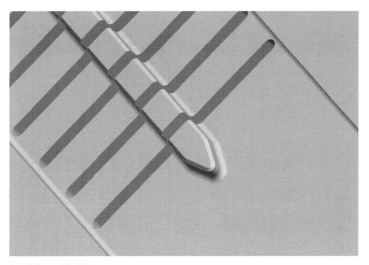

Abbildung 30: Filtratraum

Nach der Balkenoptimierung geht das MathCAD-Sheet auf allgemeinere Festigkeitsfragen am Grundkörper ein.

Auf die rechnerische Überprüfung der Zu- und Abläufe (Flüssigkeitsanschlüsse) bezüglich einer ausreichenden Dimensionierung (S. 146 ff.) wird an dieser Stelle nicht näher eingegangen, weil diese für die jetzt vorliegende Endform des Moduls am Grundkörper nicht notwendig ist. Sie wurden analog zu den vorhergehenden für die Balken durchgeführt, allerdings unter der Annahme eines zylindrischen Druckbehälters nach Abbildung 28. Im Verlauf des Entwurfsprozesses mussten diese Rechnungen am Grundkörper durchgeführt werden und wurden deshalb im MathCAD-Sheet erhalten. Die Überprüfung der am Ende ausgeführten Anschlüsse wurde mit Hilfe der FEM-Simulation durchgeführt, weil diese von Hand nicht exakt möglich ist.

Das MathCAD-Sheet setzt im nächsten Schritt mit der Überprüfung der Beanspruchung des Grundkörpers bei einem Durchschlagen der Membran fort (S. 150 ff.). Es wird die Zugbeanspruchung des als Rahmen um die Balken liegenden Grundkörpers unter dem Einfluss von 3 bar betrachtet. Ein Versagen an den kurzen Seiten kann mit einer Sicherheit von 11,7 und an den Längsseiten mit einer Sicherheit von 14,0 ausgeschlossen werden.

Bis zum jetzigen Zeitpunkt ist nur der Raum, den die PE-Stützstruktur und die Balken einnehmen, vollständig festgelegt. Es müssen aber beispielsweise um diesen Bereich außen herum noch Dichtringnuten und Löcher für Schrauben untergebracht werden. Deshalb erscheint auch die Frage interessant, wie lang und breit der Grundkörper als ganzes, aufgrund der eingebrachten Spannungen, gestaltet werden kann, wie viel Platz also noch zur Verfügung steht.

Dazu wird im nächsten Schritt (S. 152 ff.) angenommen, dass der Grundkörper eine geschlossene Rechteckplatte ist, auf der eine zweite solche Platte fixiert wird. Das Verbinden der beiden Platten miteinander soll nur in ihren äußeren, umlaufenden Kanten erfolgen, was in [25] als Lagerung „entlang des langen Randes" bezeichnet wird. Dieser lange Rand hat, aufgrund der Rechteckform der beiden Platten, zwei kurze und zwei lange Seiten. In dem infinitisimal kleinen Raum zwischen den beiden Platten soll ein Druck von 3 bar herrschen. Dieser rechteckige Raum wird durch die Schrauben begrenzt, welche die beiden Platten aufeinander fixieren. Somit fallen der lange Rand und die Zentren der Schrauben zusammen, wie nachfolgend dargestellt. Der lange Rand wird unterbrochen rot abgebildet.

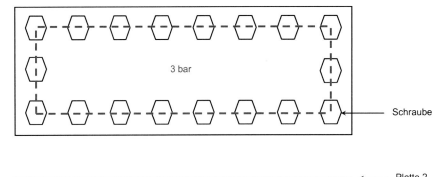

Abbildung 31: Plattenabmaße

Für diesen Auslegungsansatz nach [25, unter C38] muss die Dicke des Grundkörpers klein gegenüber dessen Fläche sein. Die zu erwartende Durchbiegung muss ebenfalls klein sein. Beide Voraussetzungen sind erfüllt.

Nach [25] kann dann der in Abbildung 31 rot markierte lange Rand mit den Stoffkennwerten von Plexiglas maximal 740 mm lang und 100 mm breit sein. Dieser Raum wird nachfolgend als Suspensionsraum bezeichnet, weil sich nur in diesem Bereich Suspension mit einem Überdruck von 3 bar über dem Grundkörper befinden darf.

Das Längen- und Breitenmaß für den Suspensionsraum ist das Ergebnis eines Optimierungsprozesses, der sich nach [25] wie folgt gestaltet.

Zunächst werden in Abhängigkeit von dem Längenmaß und dem Breitenmaß der beiden Platten empirische Vorfaktoren bestimmt.

Als nächstes muss die Dicke des Grundkörpers bekannt sein. Diese beträgt 12 mm. Hierbei wurde die Dicke der PE-Stützstruktur auf 3mm festgelegt, ebenso wie die Höhe des Filtratraums. Die Balkenhöhe wurde bereits zu 6 mm berechnet.

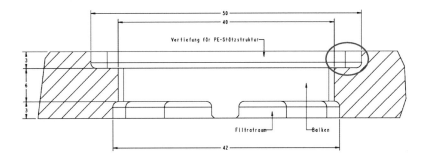

Abbildung 32: Dicke des Grundkörpers (rot markiert: umlaufender Rand)

Unter Hinzunahme des E-Moduls und der Querkontraktionszahl von Plexiglas werden dann die Spannungen in der Plattenmitte und entlang des langen Randes berechnet.

46

Für die Spannungen in Plattenmitte gibt es in Abhängigkeit der empirischen Vorfaktoren zwei Ergebnisse, die mit den Sicherheiten von 44,2 und 13,3 die Abmaße des Suspensionsraumes bestätigen.

Die Spannungen entlang des langen Randes führen zu Belastungen, die mit einer Sicherheit von 10,4 bzw. 6,6 getragen werden.

Die maximale Durchbiegung in Plattenmitte wurde zu 0,3 mm berechnet. In Kombination mit der zuvor berechneten Durchbiegung der Balken erscheint dieser Wert als limitierend, was die gewählten Grenzabmaße des Suspensionsraumes bestätigt.

Addiert man die Länge der effektiven Filterfläche mit der ausgeführten Ein- und Auslaufstrecke, so erhält man eine Länge von 686 mm. Dies entspricht der ausgeführten Länge des Suspensionsraumes. Die kurzen Seiten des langen Randes, von Schraubenmittelachse zu Schraubenmittelachse, liegen im Modul 752 mm auseinander. Die effektive Filterfläche ist 50 mm breit. Für das Ausschließen des Einflusses von Strömungsrandeffekten auf den Filtrationsvorgang ist diese mittig in einem Kanal von 70 mm Breite positioniert. Diese Kanalbreite ist die Breite des Suspensionsraumes. Der maximale Abstand der Mittelachsen der Schrauben liegt hier bei 140 mm und ist der Abstand der langen Seiten des langen Randes. Die rechnerisch geforderten Maße von 740 mm Länge und 100 mm Breite für den Suspensionsraum wurden also konstruktiv gut umgesetzt. Eine Versetzung der Schrauben weg vom langen Rand, als theoretische Grenze des Suspensionsraumes, nach weiter außen, ergibt sich aus der Gestaltung der Dichtung und der Positionierung des Rahmens, welcher die Filtrationsmembran klemmt. Abweichungen vom Modell das langen Randes führen nicht zu einem Bauteilversagen, wie die späteren FEM-Simulationen belegen.

Das MathCAD-Sheet schließt mit einer Kontrollrechnung des um die Balkenstützstruktur umlaufenden Randes, in Abbildung 32 durch eine rote Ellipse markiert, für den Bereich der kurzen Seiten ab, weil hier die maximale Breite des Randes und somit die höchste Belastung vorliegt (S. 154 ff.). Dieser Bereich wird dabei stark vereinfacht als einseitig eingespannter Balken der Länge 7 mm unter einer Drucklast von 3 bar betrachtet. Der Rechengang entspricht dem vorherigen der Biegebeanspruchung der Balken mit dem Unterschied der jetzt nur einseitigen Lagerung nach [13].

Es zeigt sich, dass eine Sicherheit gegen Versagen durch Biegebeanspruchung im Fuß des Randes von 8,5 vorliegt.

Die maximale Durchbiegung am Balkenende liegt bei 0,01 mm.

Aus der Durchbiegung ergibt sich über den Scherwinkel und das Schubmodul wiederum die bereits zuvor als maßgeblich zu bewertende Sicherheit gegen das Versagen durch Scherung in Folge von Biegen. Diese liegt hier allerdings bei 5,2.

Das Abscheren senkrecht zum Fuß des Randes wird mit einer Sicherheit von 9,0 bewertet.

Am Grundkörper sind bisher somit festgelegt:

- effektive Filterfläche: 360 mm x 50 mm
- Stützstruktur aus Polyethylen: 360 mm x 50 mm x 3 mm
- Balkenstützstruktur: 360 mm x 50 mm x 6 mm
- Breite umlaufender Rand: 5 mm (lange Seite) / 7 mm (kurze Seite)
- Dicke umlaufender Rand: 6 mm
- Einzelbalken: 40 mm x 6 mm x 6 mm
- Balkenabstand: 2 mm
- Filtratraumhöhe: 3 mm

- Suspensionsraum, rechteckig: 686 mm x 70 mm
- Schraubenanordnung, rechteckig: 752 mm x 140 mm
- Einlaufstrecke: 208 mm
- Auslaufstrecke: 118 mm

Durch den Spacer wird der Kanal für die Suspension geschaffen. Der bis jetzt rechteckige Suspensionsraum wurde im Ein- und Austritt als sich kontinuierlich erweiternd bzw. verengend gestaltet, um ein günstiges Strömungsverhalten der Suspension zu bewirken. Dieses Zuspitzen des Suspensionsraumes führt zu einer veränderten Anordnung der Schrauben, weg von der ursprünglich rechteckigen Positionierung, wie in Abbildung 20 und Abbildung 21 zu Beginn des Kapitels dargestellt. Auf der Unterseite des Grundkörpers wurde entsprechend der Filtratkanal geschaffen.

Nachdem der Suspensionsraum und die Positionierung der Schrauben festgelegt wurde, ist zwischen den Rand des Suspensionsraumes und den Schrauben die Dichtringnut einzubringen. Der Schraubenabstand zueinander und zur Dichtringnut wurde möglichst gleichmäßig gestaltet, um einen günstigen Kraftfluss zu gewährleisten. Eine solche Dichtringnut befindet sich sowohl auf der Oberseite als auch der Unterseite des Grundkörpers, wie die Abbildungen 20 und 21 zeigen. Die beide Nuten liegen exakt übereinander und haben eine identische Geometrie.

Die Gestaltung der Dichtung und dadurch die Gewährleistung der Dichtigkeit des Moduls ist eine sehr anspruchsvolle Aufgabe. Einerseits existieren größere, anerkannte Regelwerke, beispielsweise die AD 2000 – Merkblätter [27]. Andererseits geht in die Gestaltung der Dichtung immer auch die Erfahrung der Industrie ein. Es müssen stets beide Quellen, Theorie und Praxis, berücksichtigt werden.

Die durch die Schrauben aufzubringende Dichtkraft ergibt sich durch die Division des Überdrucks der Suspension von 3 bar durch die Anzahl der Schrauben, wobei der Druck wiederum zunächst mit Hilfe der entsprechenden Fläche in die maximal aufzubringende Gesamtkraft umgerechnet wird. Genaue Werte hierzu finden sich in dem Unterkapitel zur Auswahl der Schrauben und Muttern. Diese Vorgehensweise deckt sich mit der in den AD 2000 – Merkblättern.

Am Lehrstuhl für Mechanische Verfahrenstechnik der Technischen Universität Kaiserslautern existiert des weiteren der Prototyp eines Membranmoduls. Dieses Modul ist dicht. Sowohl das zu entwerfende Modul als auch der Prototyp sollen Flüssigkeiten des Überdrucks von 3 bar dichten. Überträgt man die dargestellte Vorgehensweise auf diesen Prototypen, wird die Auswahl der Schrauben als korrekt bestätigt. Der Schraubenabstand des Prototypen wurde, soweit wie möglich, übernommen. Die Schrauben sind gleichmäßig verteilt.

Der für das zu konstruierende Membranmodul geeignete Dichtungstyp besteht nach den AD 2000 – Merkblättern aus dem Dichtgummi und den Dichtflächen (ggf. Flanschflächen) links und rechts des Gummis. Werden beispielsweise Flachdichtungen, also Dichtgummis mit rechteckigem Querschnitt, verwendet, dann ergeben sich zwei Nachteile für das zu entwerfende Membranmodul. Zum Einen steigt durch diese Ausführung der Elektrodenabstand und damit die für eine bestimmte Feldstärke aufzubringende Spannung. Zum anderen sinkt in Kombination mit dem mehrschichtigen Modulaufbau beispielsweise die Stabilität des Moduls: liegen die Modulplatten über Gummi-Flachdichtungen aneinander, dann können sich die Platten elastisch gegeneinander bewegen. Deswegen erscheint es sinnvoll, den Dichtgummi in einer Nut zu versenken. Diese Variante stimmt mit der Ausführung des Prototypen überein. Dort wird Dichtschnur mit kreisförmigem Querschnitt und einem Querschnittsdurchmesser von 3 mm verwendet. Die Nut des Prototypen hat einen halbkreisförmigen Querschnitt mit einem Radius von 1,5 mm.

Deswegen wird in der vorliegenden Arbeit für die Hauptdichtungen genau diese Art von Dichtschnur und im einfachsten Fall die gleiche Nutart verwendet. Links und rechts neben der Nut für die Dichtschnur wurde für Hauptdichtungen eine plane Dichtfläche von mindestens 7 mm umgesetzt. Unterschreitungen dieses Maßes treten nur dann auf, wenn dies konstruktiv zwingend notwendig ist. Hauptdichtungen dichten gegenüber Suspension, Filtrat, Ionentauscherflüssigkeit und Kühlflüssigkeit. Dichtschnur für Nebendichtungen hat ebenfalls einen kreisförmigen Querschnitt, allerdings einen geringeren Querschnittsdurchmesser. Diese Dichtungen kommen im normalen Betrieb nicht mit Flüssigkeit in Kontakt sondern erfüllen Sicherheitsaufgaben.

Nachteil dieser notwendigen Entscheidung ist, dass kein anerkanntes Regelwerk genaue Informationen zur Gestaltung der zu dieser Art von Dichtschnur gehörenden Nut liefert. Diese kann nur nach der Herstellernorm gefertigt werden. Als Hersteller für die Dichtschnur und Dichtringe wurde die HUG® Industrietechnik und Arbeitssicherheit GmbH in D-84030 Ergolding ausgewählt. Die Maße der jeweils zugehörigen Nut liefert das selbe Unternehmen.

Da an keiner Stelle des Moduls ein höherer Überdruck herrscht als durch die Suspension am Grundkörper aufgebracht wird, können die für das Dichten der Suspension bestimmten Maße der Dichtung für alle Hauptdichtungen verwendet werden. Dadurch reduziert sich der Fertigungsaufwand für das Modul erheblich. Ersatzdichtschnur kann schnell standardisiert zugeordnet und bestellt werden.

Die Maße der Nut für die Hauptdichtungen werden exemplarisch nachfolgend dargestellt. Alle weiteren, notwendigen Maße finden sich in den technischen Zeichnungen und Stücklisten in den Anlagen zur vorliegenden Arbeit.

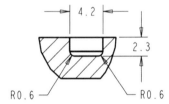

Abbildung 33: Nut für Hauptdichtungen

Mit Hilfe der berechneten Verschiebungen der FEM-Simulationen unter ProEngineer ist die Dichtigkeit des Moduls überprüfbar. In der Auslegung wurden die Informationen der AD 2000 – Merkblätter, der Herstellernorm und des Modulprototypen zusammengeführt. Es erfolgte der Vergleich der verfügbaren Informationen und die Verwendung der Quelle, welche die eindeutigsten Informationen lieferte, sowohl theoretisch als auch praktisch. So gehen die AD 2000 – Merkblätter zwar auf Dichtungsarten, aber nicht auf die exakte Ausführung der Nuten für die Dichtung ein. Ein besonderer Schwerpunkt wurde dabei auf die Berücksichtigung des Prototypen des Lehrstuhls gelegt. Die FEM-Simulationen sind die einzige Möglichkeit um die Dichtigkeit vor der Fertigung des Moduls zu beurteilen. Die Kombination der drei Quellen führt zu einem dichten Modul, wie die Simulationen belegen.

Im Gegensatz zum Prototypen werden jetzt statt halbkreisförmigen Nuten rechteckige verwendet, die sich aus der Herstellernorm ergeben. Durch die Veränderung der Form der Nuten kann bei dennoch unerwartet auftretender Undichtheit Dichtschnur eines größeren Querschnittsdurchmessers verwendet werden, um diese zu beseitigen.

Als abschließenden Entwurfsschritt erfolgte die Einpassung des Rahmens zum Fixieren der Filtrationsmembran. Dieser liegt bündig und plan in der rechteckigen Vertiefung um die PE-

Stützstruktur. Durch diese Gestaltung erfolgt nur Kraftfluss durch den Rahmen, aber kein Einbringen von Spannungen in diesen. Deswegen ist eine Nachrechnung des Rahmens nicht notwendig.

Das Zuschneiden der Filtrationsmembran erfolgt im Labor von Hand, idealer Weise in Form eines Rechtecks. Wie bereits beschrieben, wird die Filtrationsmembran über den Absatz zwischen der Vertiefung für die PE-Stützstruktur und der Vertiefung für den Rahmen bis unter den Rahmen geführt. Membran und Rahmen werden durch den Spacer fixiert, wie in Abbildung 36 dargestellt. Der Spacer ist transparent abgebildet. Gut zu erkennen ist auch die Anordnung der Dichtringschnur und zwei der insgesamt vier Absätze zum Herausheben des Rahmens nach der Filtration. Durch die konstruktive Gestaltung ist es problemlos möglich, den Filterkuchen während der Demontage des Moduls unbeschädigt zu lassen, um beispielsweise die Filterkuchenhöhe zu messen. Ein Hinterspülen der Filtrationsmembran durch Suspension ist konstruktiv ausgeschlossen.

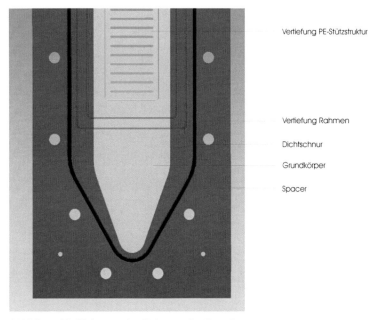

Abbildung 36: Fixierung des Rahmens im Grundkörper

Damit ist die Auslegung des Grundkörpers abgeschlossen.

Nicht berücksichtigt wurde, dass alle Strukturen des Grundkörpers, einschließlich der Balken, so gestaltet wurden, dass sie sich durch Kraft- und Formschluss auf die oberhalb und unterhalb angeordneten Bauteile der jeweiligen Modulvariante abstützen. Dadurch erfolgt eine Kraftleitung vom Grundkörper über diese Bauteile nach außen auf die Kupferplatten der jeweiligen Modulvariante. Von dort dann weiter über den Kühlkreislauf, den Unterlegrahmen und die Unterlegscheiben auf die Schrauben.

Die Auslegungsrechnungen sind jeweils Vereinfachungen, um die Gesetze der technischen Mechanik anwenden zu können. Am realen Modul kommt es zu komplexen Überlagerungen der Spannungen, welche mit Hilfe der Finiten Elemente Methode unter Pro Engineer simuliert wurden.

Abbildung 37 zeigt rot das auf der Unterseite des Grundkörpers angenommene Festlager, welches den Kraft- und Formschluss mit den unter dem Grundkörper liegenden Teilen am besten wiedergibt. Freiheitsgrad dieser Lagerung ist Null. Der Absatz in der Mitte der Balken auf der Filtratseite wurde nicht als Festlager definiert. In jeder Modulvariante stützen diese Absätze die Balken durch Formschluss mit den unter dem Filtratkanal liegenden Bauteilen zusätzlich ab und reduzieren dadurch die Balkenbelastung. Dieses Auflager ist, in Abhängigkeit von der Bauteilpaarung, stark oder wenig elastisch. Es wird von der Reibpaarung zwischen dem Absatz an der Balkenunterseite und dem berührten Nachbarbauteil beeinflusst. Ein solcher Fall kann unter ProEngineer nicht simuliert werden. Die ohne ein Festlager in der Balkenmitte durchgeführten Simulationen sind insbesondere für die Modulvariante mit Ionentauschermembranen in der Betriebsweise ohne Ionentauschergitter (S.114) von Bedeutung. Schädigungsmöglichkeiten der Ionentauschermembran wegen Balkendurchbiegung können abgeschätzt werde. Die Balken müssen auch ohne das zusätzliche Lager in ihrer Mitte vollständig tragfähig sein und sich nur in einem vertretbaren Maß durchbiegen. Das Lager in der Balkenmitte stellt eine Ergänzung dar, um die kritischste Stelle am Grundkörper vor Bauteilversagen im Langzeitbetrieb zu schützen. Es wird darauf hingewiesen, dass bei dem Versagen eines einzelnen Balkens der Grundkörper die Auslegungsrechnungen nicht mehr erfüllt und dann, als sehr aufwändiges Bauteil, neu gefertigt werden müsste.

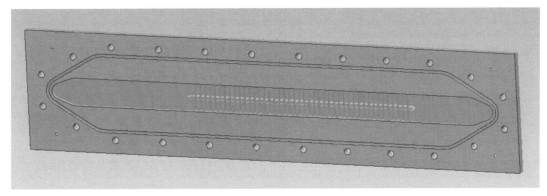

Abbildung 37: Festlager Grundkörper 1

Auf der Oberseite des Grundkörpers wurde in der Vertiefung für die PE-Stützstruktur, also auf die effektive Filterfläche, ein Druck von 3 bar appliziert, wie nachfolgend rot markiert. Dieser Druck wirkt von der Oberseite des Grundkörpers zur Unterseite und führt zu Spannungen und Verschiebungen.

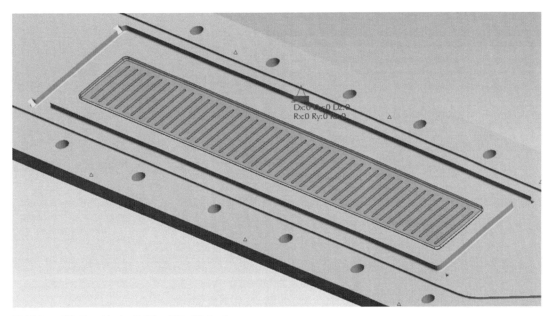

Abbildung 38: Drucklast effektive Filterfläche 1

Die Spannungsverteilung auf der Ober- und Unterseite des Grundkörpers stellt sich wie folgt dar.

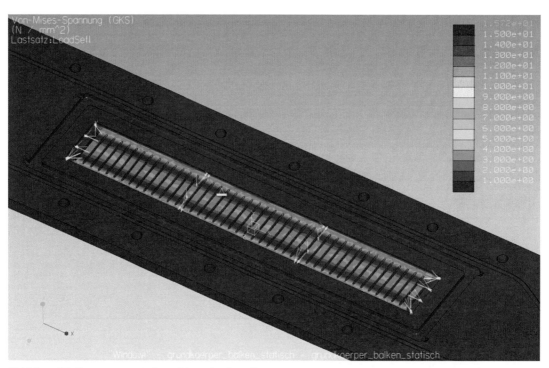

Abbildung 39: Spannungsverteilung Oberseite Grundkörper

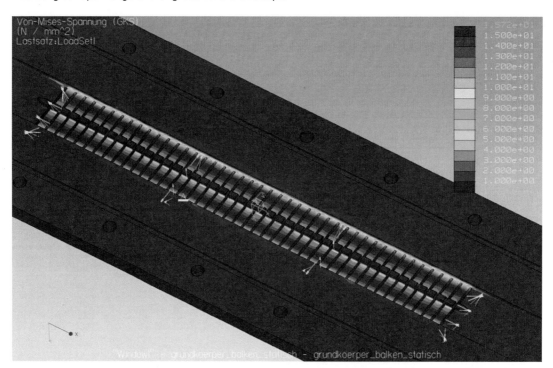

Abbildung 40: Spannungsverteilung Unterseite Grundkörper

Für die maximalen und mittleren Hauptdehnungen ergibt sich das folgende Bild.

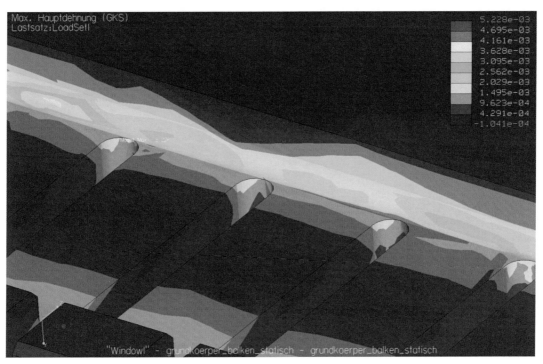

Abbildung 41: maximale Hauptdehnung Grundkörper 1/2

Abbildung 42: maximale Hauptdehnung Grundkörper 2/2

Abbildung 43: mittlere Hauptdehnung Grundkörper

Die Hauptdehnungen zeigen, dass die maximale Beanspruchung der Balken also tatsächlich in deren Fuß vorliegt. Für die Spannungen ergibt sich somit das folgende Bild.

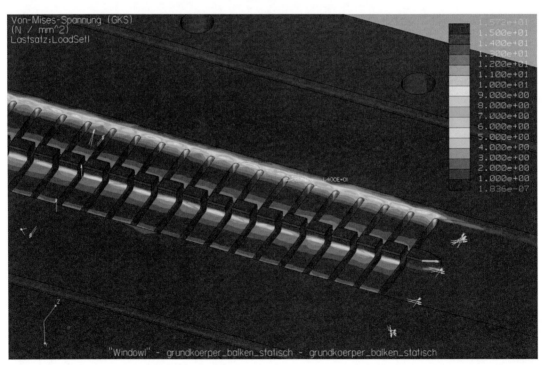

Abbildung 44: Spannungsverteilung Grundkörper 1/4

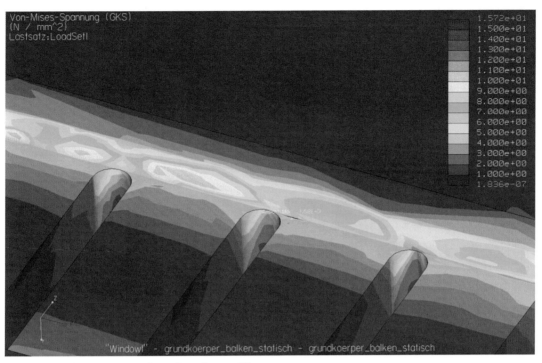

Abbildung 45: Spannungsverteilung Grundkörper 2/4

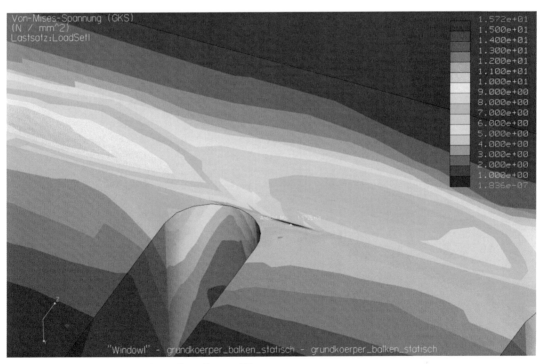

Abbildung 46: Spannungsverteilung Grundkörper 3/4

Abbildung 47: Spannungsverteilung Grundkörper 4/4

Das Spannungsmaximum von rund 16 N/mm^2 tritt nur an einer einzigen Stelle des Grundkörpers auf. Dies ist im Fuß eines Balkens auf der Unterseite des Grundkörpers. Im Fuß der restlichen Balken liegt die maximale Spannung bei im Schnitt 10,5 N/mm^2, was dem Maximum am Bauteil entspricht. Das in Abbildung 47 rot dargestellte Maximum ist also als Simulationsfehler zu bewerten.

Um welche Art einer Spannung handelt es sich bei dem Maximum von 10,5 N/mm^2 ? Aufgrund der Tatsache, dass in dem Bereich, in dem das Maximum auftritt, Material zusammengepresst wird, sollte dieser Bereich als maximal druckbelastet bewertet werden. Beispielsweise eine maximale Biegespannung müsste auf der Balkenoberseite, nicht aber auf der Unterseite auftreten. Eine Scherspannung müsste als Front durch das Bauteil verlaufen, statt nur an der Bauteiloberfläche aufzutreten.

Unter Einbeziehung des Fehlers von 10% für die Simulation liegt das Maximum der Spannung zwischen rund 9,5 N/mm^2 und 11,5 N/mm^2. Die Balken des Grundkörpers sind also ausreichend dimensioniert, die materialseitigen Möglichkeiten wurden voll ausgeschöpft.

Es zeigt sich, dass die Spannungsüberlagerung, im Vergleich zu den vereinfachten Berechnungen unter MathCAD, zu erhöhten Belastungen führt. Die minimale Sicherheit gegen ein Versagen der Balken liegt demnach nicht bei 2,2 (Berechnungen unter MathCAD) sondern lediglich bei $\geq$ 1 (FEM-Simulation). Wäre der Sicherheitsbeiwert kleiner als 1,0 würde das Bauteil im Betrieb versagen. Deswegen sei daran erinnert, dass die unter MathCAD und in der Simulation verwendete zulässige Zug- und Druckfestigkeit von 10,5 N/mm^2 dem Zeitstandverhalten für 5 Jahre entspricht. Bei korrekter Handhabung des Moduls ist dieser Stoffkennwert also erst nach 5 Jahren auf diesen Wert abgesunken. Das Modul soll laut Vorgabe auch in 5 Jahren noch funktionstüchtig sein. Des weiteren tragen die Balken auf der Filtratseite in ihrer Mitte einen Absatz, der auf den darunter liegenden Bauteilen elastisch und formschlüssig aufsitzt, wie bereits dargestellt. Die Simulation erfolgte ohne Berücksichtigung dieses zusätzlichen Lagers, weil der Kraftfluss vom Grundkörper in das unterhalb liegende Bauteil nicht ausreichend genau simuliert werden kann, wie ebenfalls bereits dargestellt. In der Praxis wird dieser Absatz aber natürlich zu einer Reduktion der Belastungen führen. Auch hierdurch erscheint die Sicherheit nahe 1,0 als unbedenklich.

Die Bewertung des Grundkörpers bezüglich der auftretenden Spannungen in den restlichen Bereichen neben dem Balkenauslauf ist als nicht kritisch zu bewerten.

Zur Überprüfung der Dichtigkeit von Suspensionsraum und Filtratraum wurden die Verschiebungen am Grundkörper simuliert. Lastfall und Lagerung entsprechen den vorherigen. Es ergibt sich das folgende Bild.

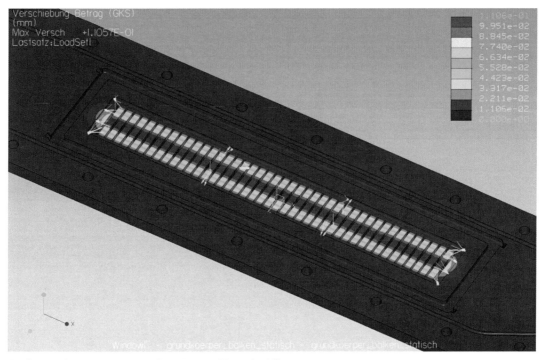

Abbildung 48: Verschiebungen Grundkörper Oberseite 1/3

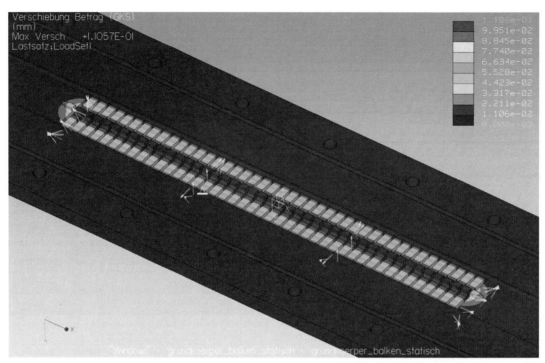

Abbildung 49: Verschiebungen Grundkörper Unterseite 2/3

Abbildung 50: Verschiebungen Grundkörper Oberseite 3/3

In der FEM-Simulation ergibt sich eine maximale Durchbiegung der Balken in deren Mitte von 0,1 mm. Dieser Wert liegt rund 0,1 mm niedriger als bei den Berechnungen unter MathCAD. Dies kann mit den Vereinfachungen unter MathCAD begründet werden. Der Übergang des Balkenfußes in die Wandung des Grundkörpers über Radien ist dabei maßgeblich. Der Absatz in der Balkenmitte auf der Filtratseite wurde wiederum nicht als zusätzliches, elastisches Lager berücksichtigt, weil dessen Simulation nicht möglich ist. Auch für eine solche Berechnung von Hand fehlen zu viele Informationen. Natürlich wird dieses Lager, wie bereits dargestellt, zu einer geringeren Durchbiegung der Balken führen. Für Auslegungsrechnungen und deren Überprüfung wurde durch die fehlende Einbeziehung des mittigen Lagers vom ungünstigsten Lastfall ausgegangen, so dass man in der Bauteilgestaltung auf der sicheren Seite liegt.

Der restliche Grundkörper erscheint, speziell im Bereich der Dichtringnut, als nahezu unverformt. Die Dichtigkeit des Grundkörpers ist also zunächst gegeben.

Die flächige Lagerung des Grundkörpers auf dessen Unterseite ist realitätsnah, aber dennoch eine Vereinfachung. Die Bauteile ober- und unterhalb des Grundkörpers werden im Betrieb elastisch nachgeben. Simulierbar ist diese Realität im Rahmen dieser Studienarbeit nicht.

Das andere Extrem zu einer flächigen Auflagerung ist das Lagern nur an den Stellen der Bohrungen für die Schrauben im Grundkörper. Die Kombination dieser Ergebnisse mit den zuvor dargestellten wird eine genauere Aussage zur Dichtigkeit des Grundkörpers liefern.

Die nachfolgende Abbildung stellt blau die Definition dieser Lager dar. Rot markiert ist die Fläche, auf die der Suspensionsüberdruck von 3 bar aufgebracht wird. Eine Einschränkung auf den ausgeführten Suspensionsraum ist leider nicht möglich.

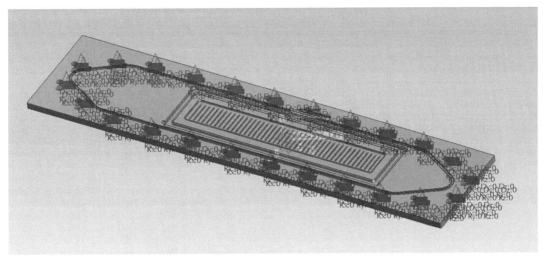

Abbildung 51: Festlager und Lastfall Grundkörper 2

Das Ergebnis für die Aufwölbung des Grundkörpers in dieser Simulation stellt sich wie folgt dar.

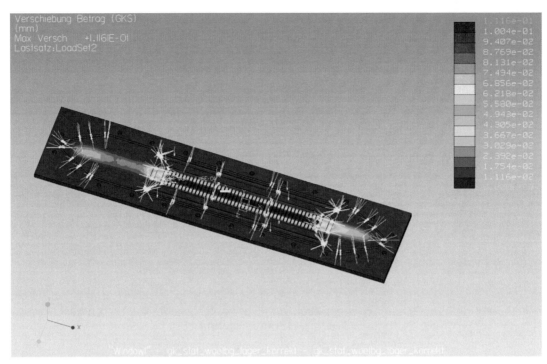

Abbildung 52: Aufwölbung Grundkörper Oberseite

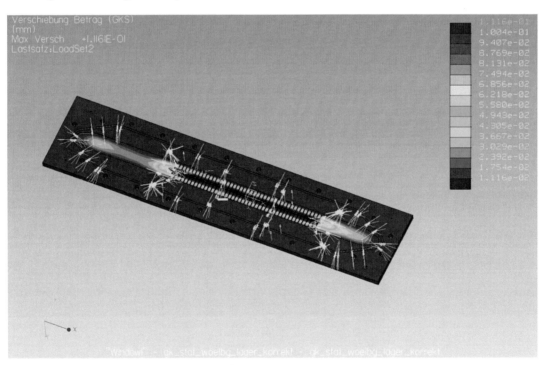

Abbildung 53: Aufwölbung Grundkörper Unterseite

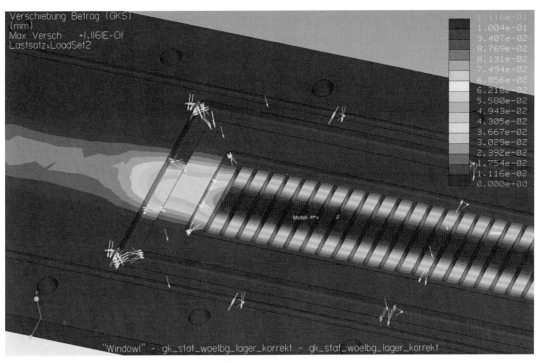

Abbildung 54: Detail Aufwölbung Grundkörper Oberseite

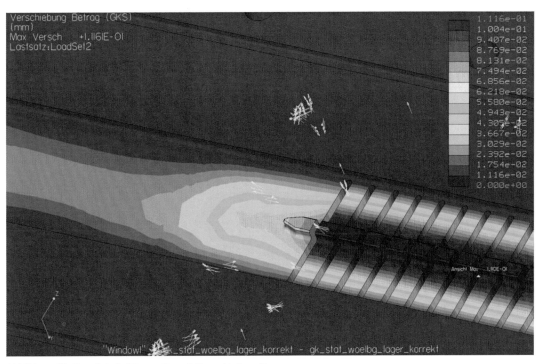

Abbildung 55: Detail Aufwölbung Grundkörper Unterseite

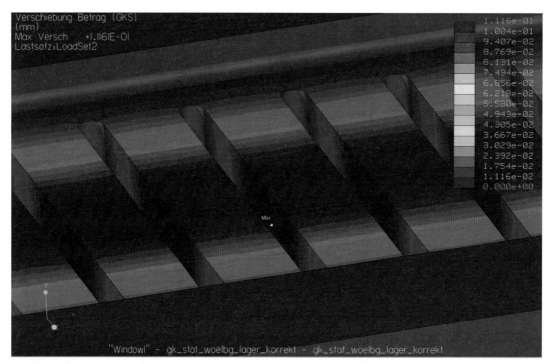

Abbildung 56: Maximum Aufwölbung Grundkörper

Sowohl auf der Ober- und Unterseite des Grundkörpers ist die Dichtringnut nicht von einer Verschiebung betroffen, welche zu Undichtheit führen könnte. Das Maximum der Verschiebung liegt wiederum in Balkenmitte und im Bereich der vorherigen Simulation. Deutlich wird hier, dass der Grundkörper im Bereich des Filtratkanals ebenfalls eine Verschiebung erfährt, welche aber durch die gewählten Dimensionen ohne Einfluss auf den Betrieb des Moduls bleibt.

Verschiebungen im Bereich der Vertiefung für den Rahmen bleiben ohne Einfluss auf diesen, weil ein Maximum von rund 0,07 mm erreicht wird.

Das Bild für die Spannungen dieses Lastfalls gestaltet sich wie folgt.

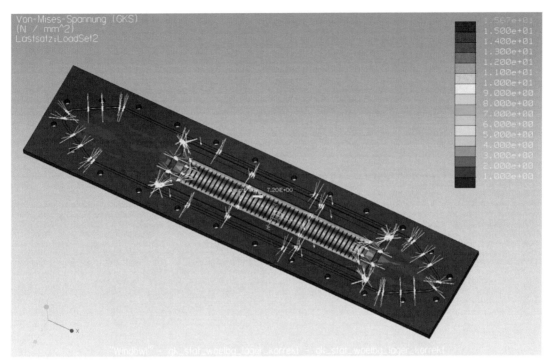

Abbildung 57: Spannungsverteilung Oberseite Grundkörper Lastfall 2

Abbildung 58: Detail Spannungsverteilung Oberseite Grundkörper Lastfall 2

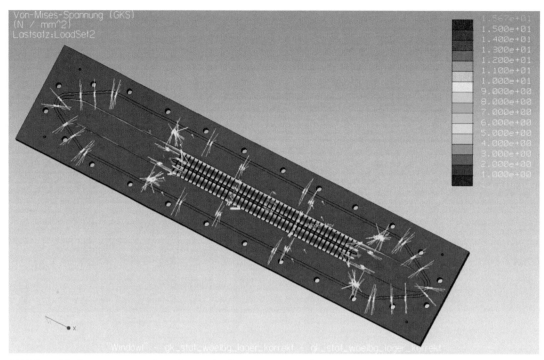

Abbildung 59: Spannungsverteilung Unterseite Grundkörper Lastfall 2

Abbildung 60: Detail Spannungsverteilung Unterseite Grundkörper Lastfall 2

Abbildung 61: Maximum der Spannung Lastfall 2 (Unterseite Grundkörper)

Die ermittelten Spannungen liegen im Größenbereich der ersten Simulation für den Grundkörper. Durch die jetzt zusätzliche Drucklast auch außerhalb der effektiven Filterfläche liegen sie sogar etwas niedriger. Diese Abweichung ergibt sich aus den veränderten Randbedingungen für die Simulation. In der Realität wirkt die Druckkraft nur im Suspensionskanal. In den beiden Simulationen wurde eine kleinere bzw. größere Fläche als die des Suspensionskanals für das Aufbringen der Drucklast gewählt, weil dies unter ProEngineer, wie bereits dargestellt, anders nicht möglich ist. Damit wurden Vereinfachungen der Realität vorgenommen. Die zur Verfügung stehende Software liefert vergleichsweise schnelle Ergebnisse, ist aber in ihren Möglichkeiten begrenzt. Dieses Vorgehen genügt aber, um aussagekräftige Informationen über das Bauteillastverhalten zu gewinnen.

Anhand der Ergebnisse der Auslegung des Grundkörpers unter MathCAD und durch die FEM-Simulation unter Pro Engineer zeigt sich, dass der Grundkörper werkstoffseitig erfolgreich optimiert wurde. Es liegt ein ebenes, rechteckiges Bauteil als Basis des Moduls mit einer minimalen Plattenstärke vor. Die Dichtigkeit des Grundkörpers auf der Suspensionsseite und der Filtratseite ist gegeben. Die Außenabmaße des Grundkörpers betragen 798 mm x 180 mm x 12 mm.

Die Auslegung aller weiteren Bauteile erfolgte stark vereinfacht anhand der Erfahrungen für den Werkstoff Plexiglas durch die Gestaltung des Grundkörpers.

10.1.2. Die Membranstützstruktur im Grundkörper

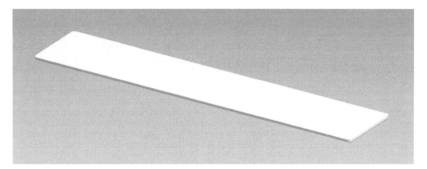

Abbildung 62: Membranstützstruktur des Grundkörpers

Die Membranstützstruktur hat die Maße 360 mm x 50 mm x 3 mm und entspricht in ihrer planen Oberfläche der effektiven Filterfläche. Es handelt sich um gesintertes Polyethylen. Festigkeitskennwerte liegen für dieses Material nicht vor. Es ist relativ steif, aber dennoch flexibel. Alle zum Material verfügbaren Angaben finden sich am Beginn von Kapitel 10.

Das als Halbzeug vorliegende Material ist kürzer als 360 mm, so dass die Membranstützstruktur aus zwei Teilen zusammengesetzt werden muss. Die Teilung der Stützstruktur soll mittig über dem mittleren Balken des Grundkörpers erfolgen.

10.1.3. Die Filtrationsmembran im Grundkörper

Zur Filtrationsmembran sind keine weiteren Angaben verfügbar als die am Beginn von Kapitel 10 gemachten. Diese Angaben beschränken sich auf den Hinweis, dass die Filtrationsmembran dünner als 1 mm ist.

Wie bereits dargestellt, wird die Filtrationsmembran im Labor von Hand zurecht geschnitten und bis unter den Rahmen im Grundkörper geführt.

Die effektive Filterfläche ist kleiner als die von Suspension überströmte Oberfläche der Filtrationsmembran.

10.1.4. Der Rahmen zum Fixieren der Filtrationsmembran im Grundkörper

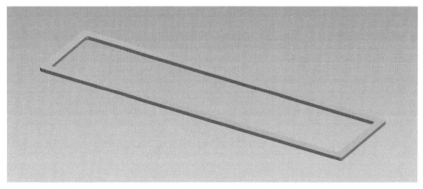

Abbildung 63: Rahmen zum Fixieren der Filtrationsmembran im Grundkörper

Material dieses Rahmens ist Plexiglas. Er fixiert die Filtrationsmembran und wird auf seinen Längsseiten vollständig durch den Spacer, in Abbildung 64 transparent dargestellt, verdeckt und dadurch in der für ihn vorgesehenen Vertiefung, rot hervorgehoben, gehalten.

Abbildung 64: Einbaulage Rahmen / Suspensionskanal von oben

Ebenso verdeckt werden die vier Schrägen, die zum Herausheben des Rahmens aus der Vertiefung benötigt werden.

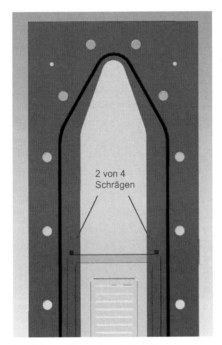

Abbildung 65: verdeckte Schrägen

Notwendig ist dieser Rahmen, um ein Hinterspülen der Filtrationsmembran mit Suspension zu verhindern. Gleichzeitig wird die Membran während der Montage sicher an ihrer Position gehalten. Die Platzierung und Gestaltung des Rahmens erfolgte so, dass er keinen Einfluss auf die Strömung hat.

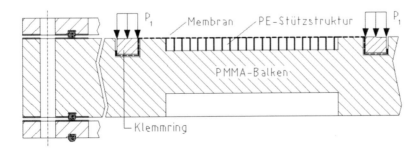

Abbildung 66: Lastfall Rahmen

Es handelt sich um ein Bauteil, dass keine Last trägt. Dadurch ist keine Auslegungsrechnung erforderlich. Lasten, wie in Abbildung 66 als Druck p_1 dargestellt, sind bezogen auf die Oberfläche des Rahmens so niedrig, dass sie keine Schädigung bewirken.

10.1.5. Der Spacer

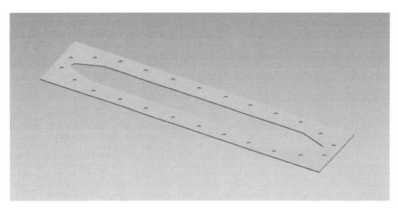

Abbildung 67: Spacer

Der Spacer aus Plexiglas gibt den Raum des Suspensionskanals vor. Er wurde mit einer Höhe von 3 mm ausgeführt, was der geforderten minimalen Kanalhöhe entspricht. Das Bauteil trägt keine Dichtringnut, weil dies einerseits aufgrund der geringen Höhe nicht möglich ist. Andererseits muss das Bauteil so einfach wie möglich gestaltet sein, um dieses bei Bedarf kurzfristig mit einem anderen Höhenmaß nachfertigen zu können. Im Rahmen dieser Arbeit war nur auf einen Spacer der Höhe 3 mm einzugehen.

Der abgeschrägte Ein- und Auslaufbereich ist an beiden Enden des Spacers identisch gestaltet. Die kontinuierliche Kanalweitung ist strömungsseitig am günstigsten. Die Einlaufstrecke von 208 mm und die Auslaufstrecke von 118 mm schließen diese Bereiche der Kanalweitung mit ein.

Der Spacer ist an seinem Umfang durch die Bohrungen für die Schrauben gelagert. Ebenso sind vier Bohrungen zur Aufnahme der Zentrierstifte vorgesehen. Auf seiner Unterseite liegt der Spacer flächig auf dem Grundkörper auf, mit seiner Oberseite flächig auf den entsprechenden Bauteilen.

Die Aufnahme und Ableitung der herrschenden Drucklast wurde unter Pro Engineer simuliert. Dafür wurde der Spacer zunächst nur in den Innenflächen der Bohrungen fest gelagert. Die Drucklast der Suspension von 3 bar wurde entsprechend auf die Innenseite des Spacers aufgebracht.

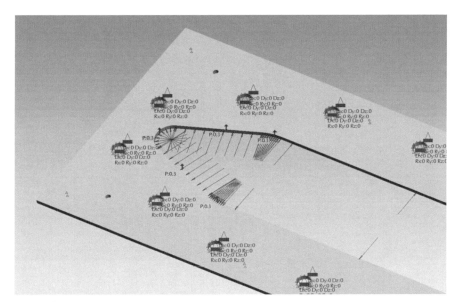

Abbildung 68: Lager und Drucklast Spacer

Für diese Definitionen ergibt sich das folgende Bild für die Spannungen.

Abbildung 69: Spannungen Spacer Lastfall 1, 1/3

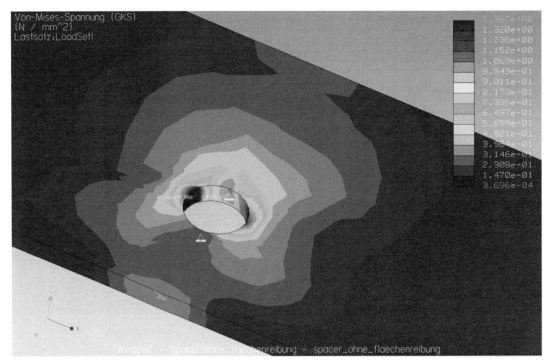

Abbildung 70: Spannungen Spacer Lastfall 1, 2/3

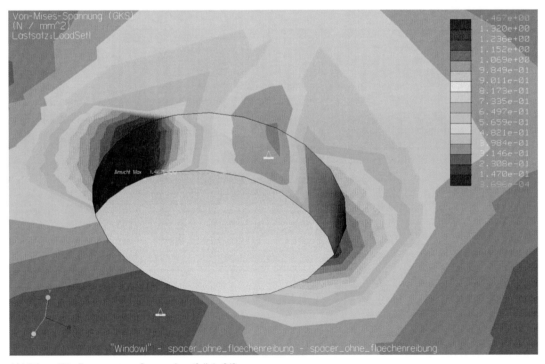

Abbildung 71: Spannungen Spacer Lastfall 1, 3/3

Das Maximum der Spannungen tritt durch den entsprechenden Kraftfluss also in den Lagern auf. Anhand der Verteilung der Spannungen und deren Betrag ist, auch unter Berücksichtigung eines Fehlers von 10%, keine Bauteilschädigung zu erwarten.

Die Verschiebungen am Spacer stellen sich wie folgt dar.

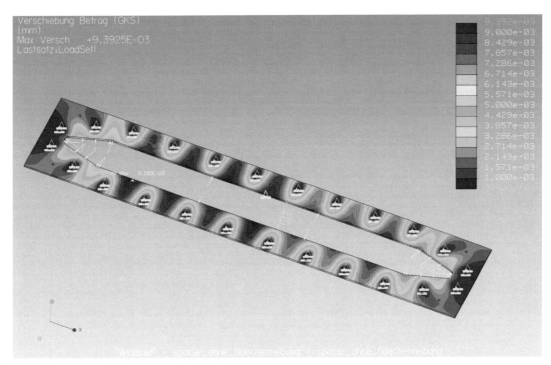

Abbildung 72: Verschiebungen Spacer Lastfall 1, 1/2

Abbildung 73: Verschiebungen Spacer Lastfall 1, 2/2

Auch die Verschiebungen erscheinen am Spacer als unkritisch.

In der zweiten Simulation wurde der Spacer zusätzlich zu den bestehenden Definitionen auf seiner Ober- und Unterseite flächig fest gelagert. Dies kommt der Einbausituation näher, weil sich der Spacer im Modul nur sehr minimal nach oben und unten wölben kann. Schwächen in dieser Simulation sind, dass die elastische Verformung des Moduls nicht berücksichtigt wird. Ebenso tritt zwischen dem Spacer und den ihn umgebenden Bauteilen Flächenreibung auf, was ebenfalls unberücksichtigt bleibt. Die reale Beanspruchung des Spacers liegt zwischen beiden Simulationen, die Grenzfälle darstellen. Eine realistischere Simulation ist nicht möglich.

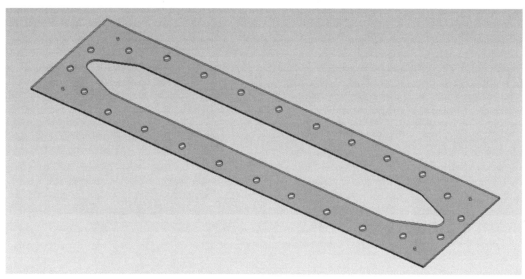

Abbildung 74: zusätzliche Lagerung des Spacers

Das Bild für die Spannungen verbessert sich somit weiter, wie nachfolgend dargestellt.

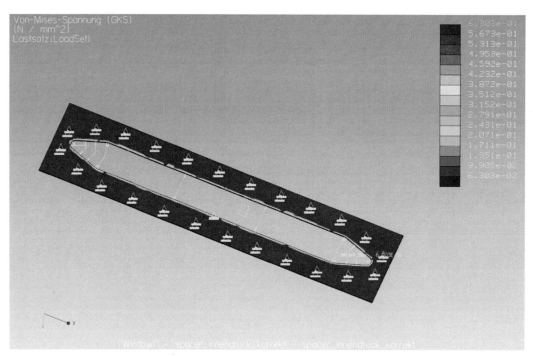

Abbildung 75: Spannungen Spacer Lastfall 2, 1/3

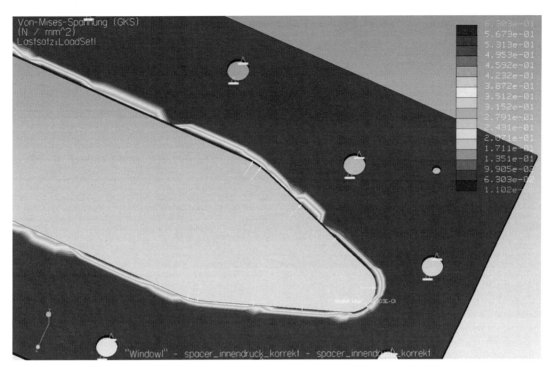

Abbildung 76: Spannungen Spacer Lastfall 2, 2/3

Abbildung 77: Spannungen Spacer Lastfall 2, 3/3

Entsprechend der hinzugefügten Festlager auf der Oberseite und Unterseite des Spacers ergibt sich für die Spannungen somit ein günstigeres Bild, welches die Dimensionen des Spacers abermals als ausreichend belegt.

Auch die Verschiebungen werden jetzt als günstiger dargestellt.

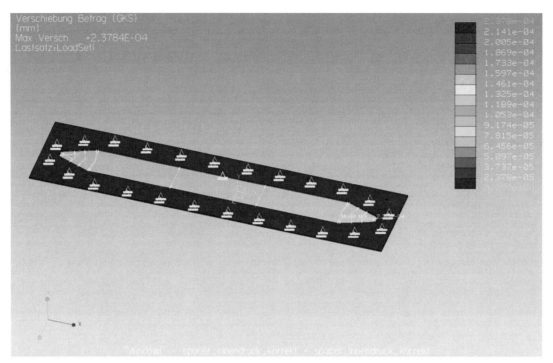

Abbildung 78: Verschiebungen Spacer Lastfall 2, 1/2

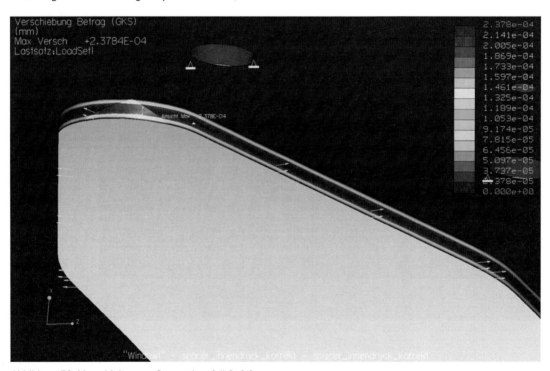

Abbildung 79: Verschiebungen Spacer Lastfall 2, 2/2

Der Spacer erscheint demnach als ausreichend dimensioniert, um den Belastungen im Betrieb Stand zu halten.

Die Verschiebungen an Spacer und Grundkörper im Vergleich miteinander belegen, dass diese selbst bei einer Plattenstärke von nur 3 mm für den Spacer so gering sind, dass eine Dichtigkeit zwischen Spacer und Grundkörper gewährleistet werden kann.

Keines der nachfolgend behandelten Bauteile weißt eine geringe Plattenstärke als 3 mm auf. Alle Platten werden von oben und unten durch die Bauweise des Moduls als steif zu bewertenden Kupferplatten flächig zusammengepresst. Es ist also auch an den nicht mit der Finiten Elemente Methode analysierten Bauteilen maximal eine ähnliches Bild für die Verschiebungen, insbesondere senkrecht zum Suspensionskanal, zu erwarten wie am Spacer. Das Modul kann anhand der durchgeführten Simulationen also bereits jetzt als dicht bewertet werden.

10.1.6. Die Kondensatorplatten (Elektroden)

Die Kondensatorplatten werden durch den Kühlkreislauf aufgenommen, wobei die Verwendung des selben Kühlkreislaufes für alle Kondensatorplatten den Fertigungsaufwand für diese reduziert. Die Gestaltung der Kondensatorplatten erfolgte so, dass im Bereich der Filtration ein homogenes elektrisches Feld vorliegt.

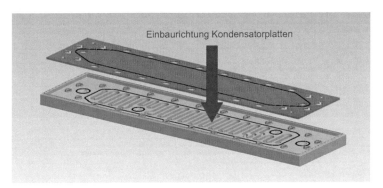

Abbildung 80: Einbaulage Kondensatorplatten (Modul mit innen liegenden Platten)

Seitlich am Kühlkreislauf sollte lediglich eine Bohrung für den elektrischen Anschluss der Kondensatorplatten vorgesehen werden. Der Kühlkreislauf ist so gestaltet, dass diese bei Bedarf vergrößert werden kann. Der durchgeführte Stromanschluss ist in der Bohrung zu dichten.

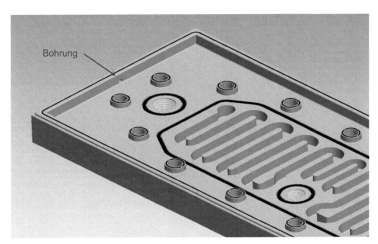

Abbildung 81: Lage der Bohrung für den Anschluss der Kondensatorplatten

Die Fläche der Kondensatorplatten muss für ein homogenes elektrisches Feld groß gegenüber dem Plattenabstand sein, was konstruktiv umgesetzt wurde. Die Gestaltung der Kondensatorplatten erfolgte so, dass sie über den Suspensionskanal und den Filtratkanal hinaus ragen. Dadurch werden Randeffekte des elektrischen Feldes für den Bereich der Filtration ausgeschlossen. Beide Kondensatorplatten und beide Ionentauscherflächen stehen sich mit gleichem Flächeninhalt gegenüber.

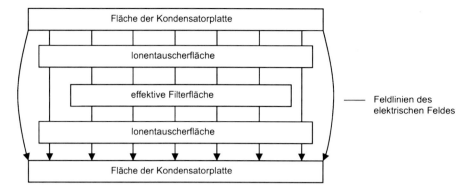

Abbildung 82: ausgeführtes elektrisches Feld

Ein Hinterwandern der Kondensatorplatten mit Suspension oder Filtrat ist durch die Ausführung des Moduls nicht möglich. Dies wäre konstruktiv nicht auszuschließen, wenn die Kondensatorplatten deckungsgleich über der effektiven Filterfläche stehen würden. Ursachen hierfür können der Strömungsvorgang, Elektroosmose und Elektrophorese sein. Elektrolyse im Bereich hinter den Kondensatorplatten und das genaue Gegenteil eines Hygienic Design wären die Folge. Der ausgeführte Entwurf erscheint dagegen deutlich sinnvoller und einfacher.

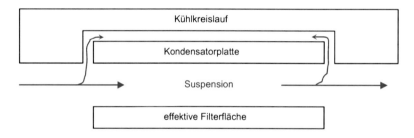

Abbildung 83: ungünstige Gestaltung der Aufnahme der Kondensatorplatten

Als Material für jeweils beide Kondensatorplatten wurde Kupfer gewählt. Es kommt als Legierung mit den in Abbildung 19 dargestellten Eigenschaften zum Einsatz.

Die Wahl dieses werkstoffseitig doch recht weichen und wirtschaftlich verhältnismäßig teuren Materials ist mit der elektrochemischen Spannungsreihe zu begründen. Diese besagt, dass ein elektrochemisch höherwertiges Material reduzierend auf ein elektrochemisch niedriger einzuordnendes Material wirkt, welches oxidiert wird. Das oxidierte Material wird durch die Abgabe von Ladungsträgern zersetzt, welche durch das Reduktionsmittel aufgenommen werden. Das Reduktionsmittel bleibt deshalb erhalten.

Kupfer gilt nach Abbildung 17 und [1] im Vergleich zu anderen Metallen als hochwertig und schwer oxidierbar.

Bei der Modulvariante mit innen liegenden Kondensatorplatten und bei der mit Ionentauschermembranen sind die beiden Kondensatorplatten über die Suspension elektrisch leitend miteinander verbunden. Es sei dabei zunächst keine äußere Stromquelle angeschlossen. Weil beide Kondensatorplatten aus dem selben Material und somit elektrochemisch gleichwertig sind, entsteht dann zwischen ihnen kein elektrisches Potential und es wird keine der beiden Platten durch einen Ladungsträgeraustausch oxidiert. An allen Varianten des Membranmoduls sind keine weiteren Metalle über die Suspension oder anderweitig leitend mit den Kondensatorplatten verbunden. Es kommt somit auch nicht zu einer Störung des elektrischen Feldes durch das Entstehen eines elektrischen Potentials.

Kommt es im nächsten Schritt durch das Anlegen einer äußeren Stromquelle zu einem elektrischen Stromfluss zwischen diesen Platten, dann findet an ihnen elektrochemische Korrosion statt. Aufgrund der Position von Kupfer in der elektrochemischen Spannungsreihe findet diese an Kupfer langsamer statt als an anderen Materialien.

Es wird davon ausgegangen, dass die Partikeln in der Suspension überwiegend negativ geladen sind, wie bereits dargestellt. Eine elektrochemische Korrosion allein durch den Kontakt von Suspension und Kondensatorplatte ist somit möglich. Kupfer, als Metall, ist dabei als elektrochemisch positiv geladen zu bewerten. Deswegen kann es zu einer Abgabe der negativen Ladungen des Partikels an die Kondensatorplatten kommen. Nach dieser Modellvorstellung kommt es also höchstens zu einer Oxidation der Partikeln und nicht zu einem Abbau der Kondensatorplatten, wenn diese aus Kupfer sind. Dies ist konstruktiv entscheidend.

Des weiteren kann es durch elektrischen Stromfluss zwischen den Kondensatorplatten zur elektrolytischen Zersetzung der kontinuierlichen Phase der Suspension kommen. Als kontinuierliche Phase soll Wasser angenommen werden. Durch Elektrolyse entsteht somit Wasserstoff und Sauerstoff. Wasserstoff ist für die Korrosion der Kupferplatten unbedenklich, weil er elektrochemisch niedriger einzuordnen ist als Kupfer. Sauerstoff ist elektrochemisch höher einzuordnen als Kupfer und wird zu Korrosion führen.

Substanz	elektrochemisches Potenzial
Kupfer	+0,16 V bis +0,52 V
Wasserstoff	0
Sauerstoff	+1,78 V

Abbildung 84: Plattenkorrosion [1]

Dennoch macht die elektrochemische Spannungsreihe deutlich, dass eine solche Korrosion an Kupfer langsamer als an anderen elektrisch leitfähigen, stabilen und dabei verhältnismäßig preiswerten Konstruktionswerkstoffen ablaufen wird.

In Anlehnung an ältere Modulvarianten kann diese Werkstoffwahl für einen Kontakt zwischen Suspension und Kondensatorplatten als günstig bestätigt werden. Es wurde an keiner Stelle von elektrochemischen Korrosionsproblemen berichtet. Die Sichtkontrolle an einem älteren Membranmodul für die Querstromfiltration mit überlagertem elektrischem Feld für Experimente unter [4] bestätigte dies.

Bezüglich der Festigkeit erscheint die Wahl von Kupfer als Plattenmaterial nicht nachteilig, wie die später dargestellte FEM-Analyse zeigt. Mechanisch abrasive Korrosion für die Modulvariante mit innen liegenden Kondensatorplatten wird toleriert. Die Beständigkeit von Kupfer gegenüber elektrochemischer Korrosion ist für die zu untersuchenden Suspensionen höher zu bewerten als gegenüber mechanischer Korrosion.

Für gleiche Eigenschaften des elektrischen Feldes, unter anderem bedingt durch die Kapazität und die elektrische Leitfähig eines Materials, soll für die Kondensatorplatten aller Modulvarianten das gleiche Material verwendet werden.

Die Rückseite aller Kondensatorplatten ist eben, sie trägt keine Dichtringnut. Dadurch kann die Materialstärke der Kupferplatten minimiert werden, auch in Hinblick auf eine wirtschaftliche Modulgestaltung. Die auf der Plattenrückseite notwendigen Dichtungen wurden in den Kühlkreislauf gesetzt. Bei Verschleiß der Kondensatorplatten ist deren Fertigungsaufwand somit reduziert. Die Plattenvorderseite trägt Dichtringnuten in Abhängig von der Anordnung der Kondensatorplatte im jeweiligen Modul.

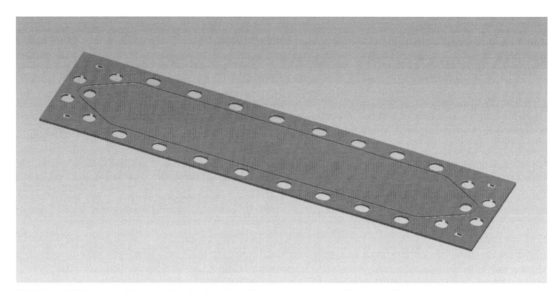

Abbildung 85: Vorderseite obere Kupferplatte Modulvariante mit innen liegenden Platten

Die in Abbildung 85 dargestellte Kondensatorplatte dichtet gegenüber der Oberseite des Spacers. Die untere Kondensatorplatte der selben Modulvariante nach Abbildung 86 hingegen trägt keine Dichtringnuten, weil sie durch andere Bauteile vollständig abgedichtet wird.

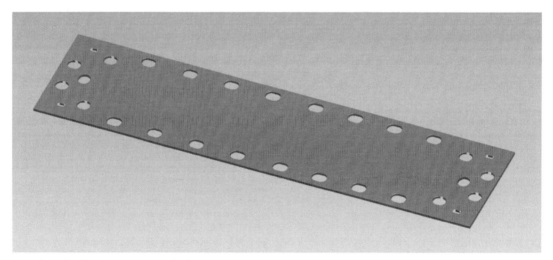

Abbildung 86: Vorderseite untere Kupferplatte Modulvariante mit innen liegenden Platten

Bei der Modulvariante mit außen liegenden Kondensatorplatten sind beide Platten gleich gestaltet und dichten die Durchleitung von Suspension bzw. Filtrat.

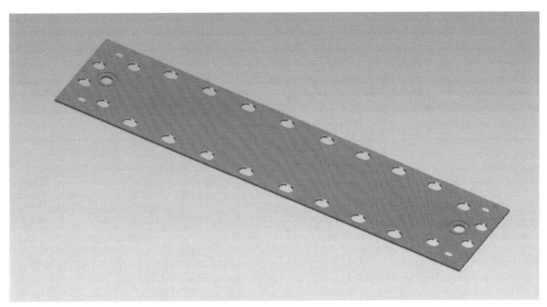

Abbildung 87: Vorderseite Kupferplatten Modulvariante mit außen liegenden Platten

Für die Modulvariante mit Ionentauschermembranen sind zusätzlich Bohrungen für die Durchleitung der Ionentauscherflüssigkeit und eine rechteckige Dichtringnut zum Dichten des Ionentauscherkreislaufes vorgesehen. Wiederum sind für diese Variante beide Kondensatorplatten gleich gestaltet.

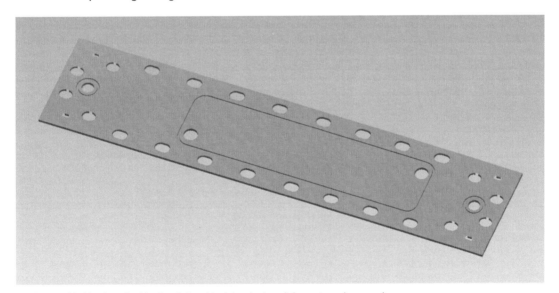

Abbildung 88: Vorderseite Kupferplatten Modulvariante mit Ionentauschermembranen

Die Maße der Dichtringnuten in den Kondensatorplatten entsprechen denen in Abbildung 33 dargestellten des Grundkörpers.

Alle Kupferplatten tragen an ihrem Umfang 24 große Langlöcher und in den äußeren Ecken vier kleinere Langlöcher. Diese Gestaltung wird durch die thermische Ausdehnung des Moduls im Betrieb bedingt.

Es wurde vorgegeben, dass die Suspension im Vergleich zur Umgebung eine gewisse Übertemperatur haben kann. Der Grundkörper ist das flächenmäßig am stärksten von Suspension überströmte Bauteil. Vereinfachend wird angenommen, dass das Filtrat die selbe Temperatur wie die Suspension hat. Grundkörper und Spacer liegen im Zentrum der jeweiligen Modulvariante. Aufgrund der geringen Höhe des Spacers sei dieser durch die Suspension im Langzeitbetrieb idealer Weise ebenso gleichmäßig durchwärmt wie der Grundkörper. Dann werden Grundkörper und Spacer aufgrund des flächenmäßig höheren Kontakts mit Suspension eine stärkere Erwärmung erfahren als von Grundkörper und Spacer weiter entfernt liegende Bauteile, welche nur der Durchleitung der Suspension dienen. Hinzu kommt, dass an der Außenseite des Moduls ein Kühlkreislauf vorgesehen wurde. Wird dieser genutzt, so wird der Temperaturabfall vom Zentrum des Moduls nach außen zusätzlich verstärkt. Das bedeutet, dass die im Zentrum liegenden Bauteile aufgrund der stärkeren Durchwärmung eine höhere thermische Ausdehnung erfahren als die weiter außen liegenden. Nach dem verallgemeinerten HOOK'schen Gesetzt können für den Grundkörper aus Plexiglas mit einer Breite von 180 mm und einer Länge von 798 mm für die Erwärmung von 10 °C auf 55 °C die folgenden maximalen Ausdehnungen berechnet werden. Der thermische Längenausdehnungskoeffizient von Plexiglas wird dabei als α_pmma bezeichnet.

$$\Delta T := 45K$$

$$l := 180mm$$

$$\Delta l := \Delta T \cdot \alpha\_pmma \cdot l \qquad \text{verallgemeinertes HOOK'sches Gesetz [1]}$$

$$\Delta l = 0.891\ mm$$

Abbildung 89: Breitenänderung Grundkörper durch Erwärmung

$$\Delta T := 45K$$

$$l := 798mm$$

$$\Delta l := \Delta T \cdot \alpha\_pmma \cdot l \qquad \text{verallgemeinertes HOOK'sches Gesetz [1]}$$

$$\Delta l = 3.95\ mm$$

Abbildung 90: Breitenänderung Grundkörper durch Erwärmung

Für die M10-Schrauben sind in Grundkörper und Spacer Bohrungen eines Durchmessers von 10 mm vorgesehen. Es wird angesetzt, dass die thermische Ausdehnung von der Plattenmitte gleichmäßig nach außen erfolgt. Demnach werden sich die Schrauben mit der vom Zentrum ausgehenden Ausdehnung der Bauteile in der jeweiligen Modulvariante nach schräg außen bewegen.

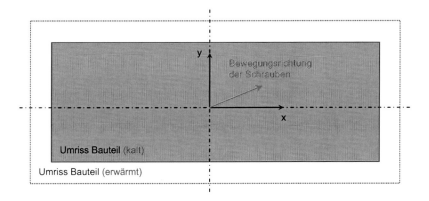

Abbildung 91: Schrauben-/Zentrierstiftbewegung bei Bauteilerwärmung (schematisch)

Durch Flächenreibung zwischen den Bauteilen und ungleichmäßiges Anziehen der Schrauben während der Montage oder Setzen der Schrauben im Betrieb ist es möglich, dass diese Bewegung nur in eine Richtung des Moduls umgesetzt wird, was in der Dimensionierung berücksichtigt wurde.

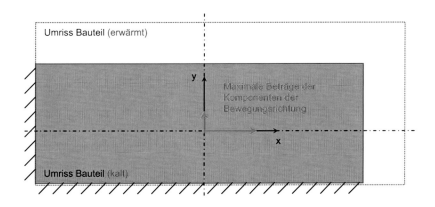

Abbildung 92: Festlager für Schrauben- und Zentrierstiftbewegung (schematisch)

Weil Grundkörper und Spacer in gleichem Maß durchwärmt werden und aus dem gleichen Material bestehen, ist an dieser Stelle keine kritische Verschiebung der Bauteile gegeneinander und keine Schädigung durch die Schrauben zu erwarten.

Für alle anderen Bauteile wurde die maximal mögliche thermische Ausdehnung von Grundkörper und Spacer berücksichtigt. Dafür wurde, wie bereits dargestellt, eine Erwärmung des Grundkörpers auf 55 °C angesetzt und auch für den Betrieb des Moduls mit Kühlung eine minimale, mittlere Temperatur der anderen Bauteile von 10 °C angenommen. Dadurch ergeben sich maximale Verschiebungen der Bauteile gegeneinander, welche Grundlage der Dimensionierung sind. Die unterschiedlichen thermischen Längenausdehnungskoeffizienten der zum Einsatz kommenden Materialien wurden beachtet. Die konstruktive Gestaltung erfolgte für die im ungünstigsten Fall auftretende Bewegung der Schrauben und Verschiebungen der Bauteile gegeneinander. Zum Abfangen aller getroffenen Vereinfachungen wurden zusätzliche Toleranzen in die Dimensionierung der Bauteile einbezogen.

Die großen Langlöcher am Umfang der Kupferplatten schützen diese also vor einer Schädigung durch die Bewegung der Schrauben. Des weiteren greift der Kühlkreislauf mit Absätzen zur Isolierung der Schrauben gegenüber den Kupferplatten in selbige. Demzufolge sind die Langlöcher der Kupferplatten größer als an anderen Bauteilen. Die unterschiedliche thermische Ausdehnung unterschiedlicher Materialien wurde in der Dimensionierung berücksichtigt, wie die nachfolgende Abbildung verdeutlicht.

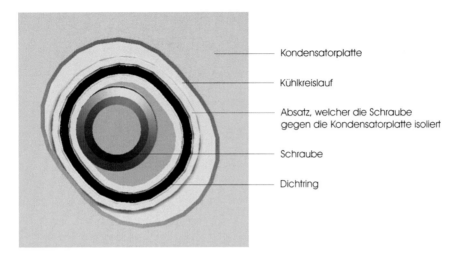

Abbildung 93: Eingreifen des Kühlkreislaufes in die Kondensatorplatte (exemplarisch)

Das in Abbildung 93 dargestellte Detail verdeutlich folgendes.

Jede Schraube ist, insbesondere im Durchtritt durch die Kondensatorplatten, durch Plexiglas elektrisch isoliert gegenüber den Kondensatorplatten. Ein Kurzschluss zwischen den Kondensatorplatten über die Schrauben ist am Modul dadurch nicht möglich. Jede Schraube ist des weiteren gegenüber den Kondensatorplatten flüssigkeitsgedichtet. Im Schadensfall (Leckage) wird somit das Sicherheitsrisiko, bedingt durch elektrischen Strom und elektrische Spannung, minimiert.

Während der Montage werden die einzelnen Platten des Moduls durch Formschluss zentriert. Wird der Kühlkreislauf betrieben, wird sich die Kondensatorplatte aus Kupfer gegenüber dem Kühlkreislauf aus Plexiglas weniger stark ausdehnen und sich dabei gegenüber dem Kühlkreislauf nach schräg innen bewegen. Wenn der Grundkörper im Betrieb im Vergleich zu den Kondensatorplatten und dem Kühlkreislauf eine höhere Temperatur hat, dann werden sich die in diesem ohne Spiel gelagerten Schrauben in den Langlöchern des Kühlkreislaufes nach schräg außen bewegen.

Die unterschiedlichen Modulvarianten sind so gestaltet, dass die passgenau in Grundkörper und Spacer sitzenden Schrauben vor Inbetriebnahme des Moduls die weiter außen liegenden Bauteile zentrieren. Zu diesem Zeitpunkt haben alle Bauteile die selbe Temperatur. Für solche Bauteile, die nicht durch die Schrauben zentriert werden können, wurden Zentrierbohrungen und Zentrierstifte, beispielsweise im Grundkörper, vorgesehen.

Die Kupferplatten liegen flächig im Kühlkreislauf und stehen nicht in Kontakt mit den Schrauben, um einen Kurzschluss zwischen den Platten über die Schrauben auszuschließen. Gleichzeitig haben der Kühlkreislauf und die Kondensatorplatten unterschiedliche thermische Längenausdehnungskoeffizienten. Deswegen müssen die Kupferplatten während der Montage über Zentrierstifte statt durch die Schrauben positioniert werden.

Die Zentrierstifte bestehen aus Kunststoff. Deswegen ist zu erwarten, dass sie im Betrieb eher abgeschert werden, als dass sie Bauteile positionieren können. Deshalb übernehmen die Zentrierstifte im Betrieb des Moduls keine Zentrieraufgabe, sondern bewegen sich ähnlich den Schrauben nach schräg außen. Dadurch ergeben sich die vier in den Ecken der Kupferplatten angeordneten Langlöcher, welche die Zentrierstifte aufnehmen.

Im Betrieb des Moduls bleiben alle Bauteile hinreichend genau übereinander positioniert. Dies wird durch die Anordnung der Schrauben und durch den hochstehenden, umlaufenden Rand des Kühlkreislaufes gewährleistet. In der nachfolgenden Abbildung sind zur Verdeutlichung die Kanten der innen liegenden Bauteile rot hervorgehoben, während die beiden Kühlkreisläufe und der Eingriffschutz transparent dargestellt werden.

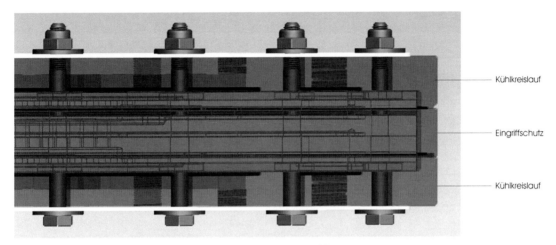

Abbildung 94: Modulvariante mit Ionentauschermembranen, geschlossen

Für ein Gleiten der Dichtungen über die Bauteile infolge thermischer Ausdehnung wurde ebenfalls der ungünstigste Fall berücksichtigt. Eine entsprechende Tolerierung wurde umgesetzt und sichert die Dichtigkeit des Moduls auch bei einer Erwärmung im Betrieb.

Die FEM-Analyse der Kupferplatten wurde exemplarisch an der oberen Kupferplatte für die Modulvariante mit innen liegenden Platten durchgeführt. Diese Platte erfährt durch die Suspension die höchste Druckbeanspruchung im Vergleich zu allen anderen Kondensatorplatten, so dass die Simulation den ungünstigsten Lastfall wiedergibt und stellvertretend für das Verhalten der anderen Kondensatorplatten steht.

Im Vergleich dazu sind die Kondensatorplatten der Modulvariante mit außen liegenden Platten durch Dichtringnuten deutlich weniger verschwächt und zusätzlich durch die Isolatorplatten aus Plexiglas gegenüber dem Suspensionsdruck geschützt.

Bei der Modulvariante mit Ionentauschermembranen sind die Kondensatorplatten im Vergleich zur durchgeführten FEM-Analyse durch zusätzliche Bohrungen und Dichtringnuten stärker verschwächt. Dem entgegen steht, dass auf der Suspensionsseite des Grundkörpers der Überdruck zwischen Ionentauscherflüssigkeit und Suspension nach den getroffenen Vereinbarungen wenn, dann auf Seiten der Suspension liegt. Im Vergleich zur Simulation hat dieser Druck demzufolge maximal den selben Betrag wie in der Simulation. Hinzu kommt, dass die Fläche der Ionentauscherflüssigkeit auf der Kupferplatte deutlich kleiner ist als die von Suspension oder Filtrat. Dadurch ergibt sich eine geringere Kraftwirkung, welche für die Filtratseite vernachlässigbar klein ist.

Die nachfolgende Abbildung gibt die Lagerung der Kondensatorplatten für die Simulation mit der Finiten-Elemente-Methode unter Pro Engineer wieder.

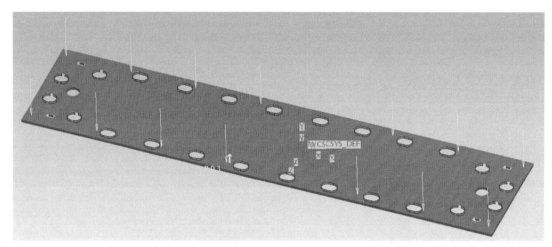

Abbildung 95: Lagerung und Lastfall Kondensatorplatte

Die Kondensatorplatte wird am realen Modul im Kühlkreislauf flächig gelagert. Der Kontakt zwischen Kondensatorplatte und Kühlkreislauf und der sich mit der Verformung der Kondensatorplatte elastisch verformende Kühlkreislauf können nicht simuliert werden. Deswegen erfolgt die Untersuchung der Kondensatorplatte als Einzelbauteil. Die Lagerung, rot dargestellt, erfolgte in den Innenflächen der an der Außenkante der Kondensatorplatte umlaufenden Langlöcher. Im Betrieb des Moduls wird der Kühlkreislauf im Wesentlichen der Verformung der Kondensatorplatten folgen, außer im Bereich der Durchführung der Schrauben. Hier ergeben sich nur minimalste Verformungen, so dass diese Stellen durch die umgesetzten Festlager gut beschrieben werden können. Die dargestellte Form der Krafteinleitung in den Langlöchern kommt, mit den Möglichkeiten unter ProEngineer, der Realität am nächsten. Diese Lagerung entspricht dem ungünstigsten Fall, dass der Kühlkreislauf nicht zu einer flächigen Lagerung der Kondensatorplatten beiträgt.

Es wird ein Druck von 3 bar auf die gesamte Oberfläche der Kondensatorplatte von der Suspensionsseite, dargestellt durch einen kurzen, breiten Pfeil nahe der Mitte der Platte, aufgebracht. Dadurch ergibt sich eine größere Fläche für das Angreifen der Drucklast als am realen Modul, wodurch die resultierende Kraft als geringfügig zu hoch angesetzt wird.

Das Bild für die Spannungen an der Kondensatorplatte gestaltet sich dann wie folgt.

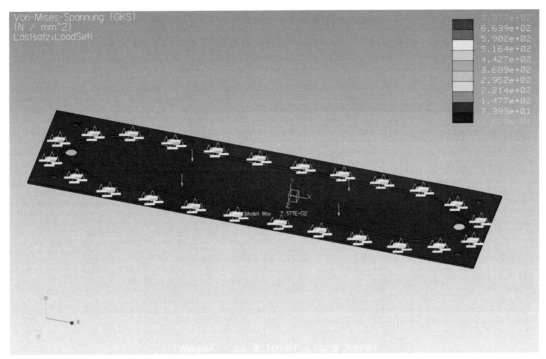

Abbildung 96: Spannungsverteilung Kondensatorplatte Suspensionsseite / Vorderseite

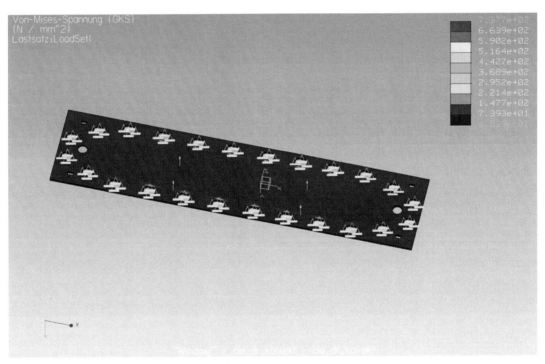

Abbildung 97: Spannungsverteilung Kondensatorplatte Plattenrückseite

Abbildung 98: Spannungsverteilung Kondensatorplatte Suspensionsseite / Vorderseite (1)

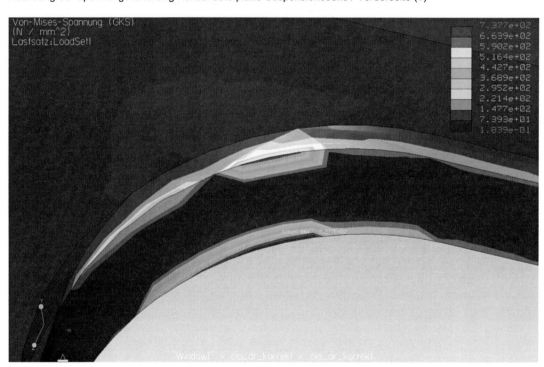

Abbildung 99: Spannungsverteilung Kondensatorplatte Suspensionsseite / Vorderseite (2)

Man erkennt, dass die Spannungsverteilung für die Kondensatorplatte als ganzes unbedenklich erscheint (Sicherheitsbeiwert ≥ 1). Das Auftreten der maximalen Spannung in den Kanten der Lager der Platte ist als Simulationsfehler zu werten, der durch die Lagerung in den Innenflächen der Langlöcher hervorgerufen wird. Durch diese Lagerung wird eine realitätsnahe Krafteinleitung erreicht, um die Platte in ihrem Gesamtverhalten darzustellen.

Das dabei erzeugte, fehlerhafte Maximum der Spannungen, kann, weil es klar als solches zu erkennen ist, für das reale Modul ausgeschlossen werden.

Nachfolgend die Darstellung der Verschiebungen an der Kondensatorplatte.

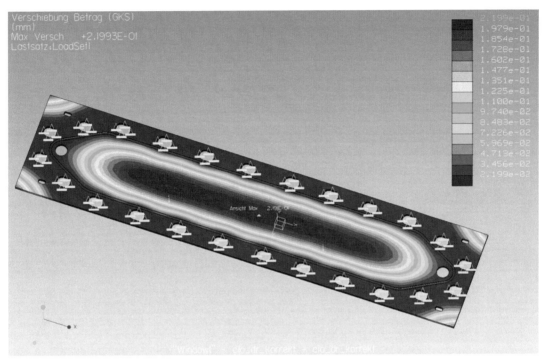

Abbildung 100: Verschiebungen Kondensatorplatte Suspensionsseite / Plattenvorderseite

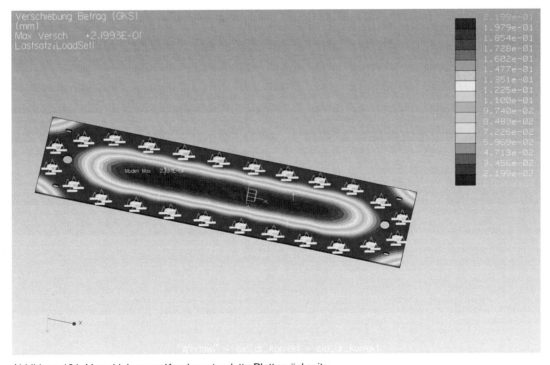

Abbildung 101: Verschiebungen Kondensatorplatte Plattenrückseite

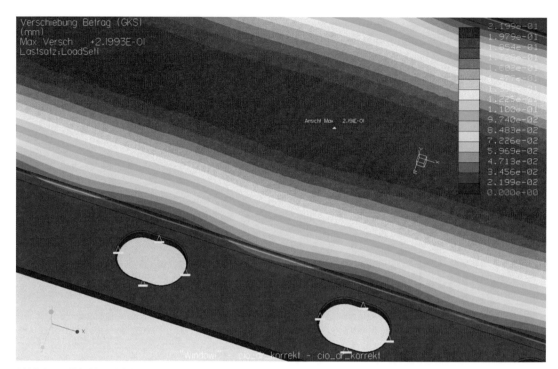

Abbildung 102: Verschiebungen Kondensatorplatte Suspensionsseite / Plattenvorderseite

Die Drucklast wurde auf die gesamte Plattenoberfläche aufgebracht. Dadurch verformen sich in der Simulation auch die Ecken der Kondensatorplatten, was am realen Modul durch die flächige Lagerung im Kühlkreislauf ausgeschlossen werden kann. Entscheidend ist das Ergebnis für die Verschiebung in Plattenmitte. Dieser Wert von rund 0,2 mm erscheint als unbedenklich.

Die Simulation zeigt des weiteren, dass die Krafteinleitung durch die Schrauben so gleichmäßig erfolgt, dass im Bereich der Dichtringnut kaum Verformung auftritt. Dies ist abermals als Beleg für ein dichtes Modul, speziell im Bereich zwischen Spacer und Kondensatorplatte, zu werten.

Die Lagerung in den Innenflächen der Langlöcher ist für diese Simulation hinreichend genau. Am realen Modul erfolgt die Einleitung der Schraubenkraft über Unterlegscheiben, Unterlegrahmen und Kühlkreislauf noch wesentlich gleichmäßiger. Der Kühlkreislauf liegt dabei jeweils flächig auf den Kondensatorplatten auf. Diese Simulation stellt einen weiteren Extremfall dar.

Gemäß der nachfolgenden Abbildung wird die Kondensatorplatte hierfür zusätzlich auf ihrer Rückseite flächig gelagert, rot markiert. Eine Verformung tangential zur Plattenoberfläche wird zugelassen. Senkrecht zur Plattenoberfläche ist dies nicht möglich. Die aufgebrachte Drucklast wird nicht verändert.

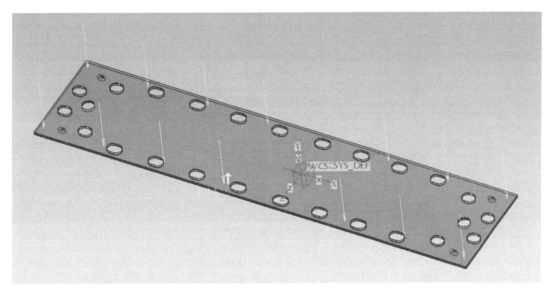

Abbildung 103: Gleitlagerung der Kondensatorplatte

Das Bild der Spannungen der zweiten Simulation nachfolgend.

Abbildung 104: Spannungen Kondensatorplatte Gleitlagerung 1/4

Abbildung 105: Spannungen Kondensatorplatte Gleitlagerung 2/4

Abbildung 106: Spannungen Kondensatorplatte Gleitlagerung 3/4

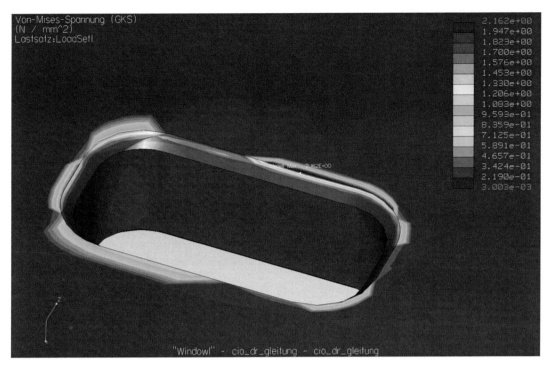

Abbildung 107: Spannungen Kondensatorplatte Gleitlagerung 4/4

Für die Spannungen ergibt sich eine reine Flächenpressung, die ebenfalls unbedenklich ist. Das Spannungsmaximum verschiebt sich in die kurzen Langlöcher in den Ecken der Kondensatorplatte, was ein Beleg für die Fehlerhaftigkeit des Spannungsmaximums aus der ersten Simulation ist.

Die Verschiebungen infolge Flächenpressung stellen sich wie folgt dar.

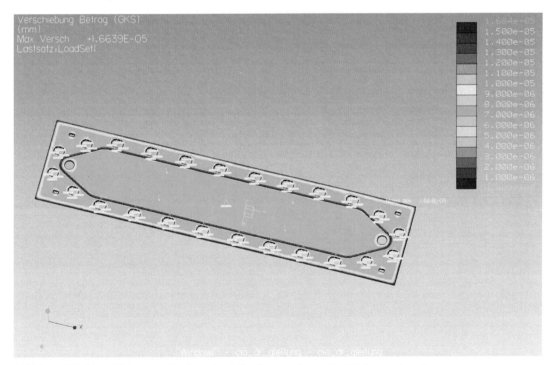

Abbildung 108: Verschiebungen Kondensatorplatte, Suspensionsseite / Plattenvorderseite

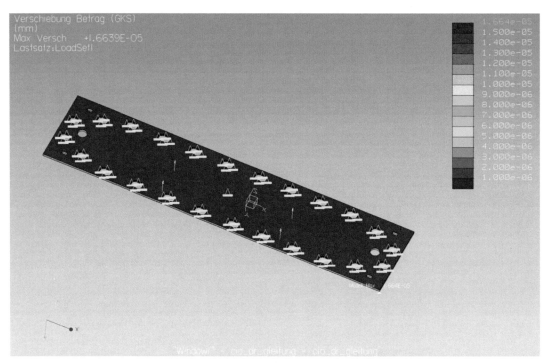

Abbildung 109: Verschiebungen Kondensatorplatte Gleitlagerung, Plattenrückseite

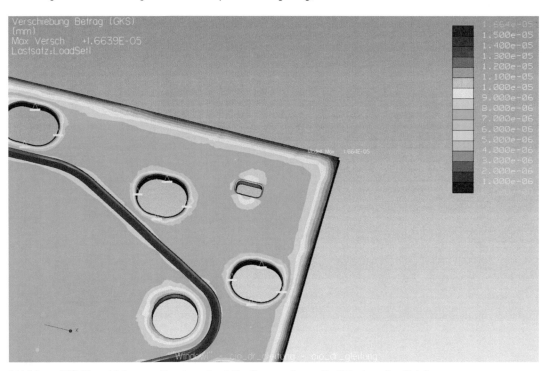

Abbildung 110: Verschiebungen Kondensatorplatte, Suspensionsseite / Vorderseite, Detail

Interessant erscheint das Maximum der Verformung am Außenrand der Platte. Dies ist durch ein Wölben des Plattenrandes nach außen möglich. Die Belastung der Kondensatorplatte als ganzes wird getragen.

Durch Kombination beider Simulationen zeigt sich, dass die Kondensatorplatten für eine maximale, in der Simulation im Vergleich zur Realität geringfügig zu hoch angesetzte Last, ausreichend dimensioniert sind. Sowohl die Spannungen als auch die Verformungen erscheinen unbedenklich.

In der Plattenbauweise des Moduls tragen die Kondensatorplatten aufgrund ihrer gegenüber Plexiglas deutlich höheren Festigkeit wesentlich zum Verpressen der einzelnen Modulplatten gegeneinander bei. Die punktuell über die Schrauben eingeleitet Kraft wird über Unterlegscheiben, Unterlegrahmen und Kühlkreislauf erst gleichmäßig auf die Kupferplatten und von diesen dann gleichmäßig auf die zwischen den Kupferplatten liegenden Bauteile verteilt. Sinnbildlich erfolgt also ein flächiges Verpressen der Modulbauteile zwischen zwei äußerst stabilen und minimalst verformten Metallplatten. Die Kondensatorplatten übernehmen eine zentrale, tragende Funktion am Modul. Sie gewährleisten maßgeblich die Dichtigkeit des Moduls. Alle am Modul auftretenden Kräfte werden durch optimierten Kraft- und Formschluss zwischen den Bauteilen an die Kondensatorplatten geleitet und von diesen zur Aufnahme durch die Schrauben weitergegeben. Sollte es zu einem lastbedingten Bauteilversagen zwischen den Kondensatorplatten kommen, so fangen diese die dabei auftretenden Lastspitzen ab.

10.1.7. Der Kühlkreislauf

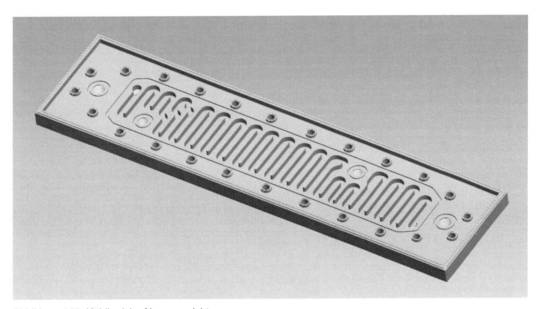

Abbildung 111: Kühlkreislauf Innenansicht

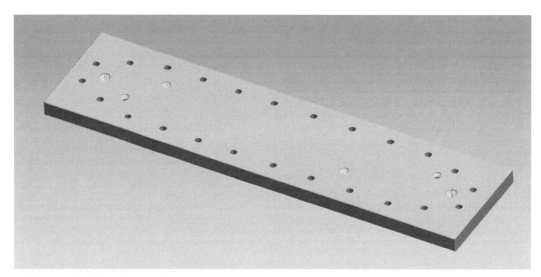

Abbildung 112: Kühlkreislauf Außenansicht

Der Kühlkreislauf aus Plexiglas schließt die jeweilige Modulvariante auf der Oberseite und der Unterseite nach außen hin ab.

In jeder Modulvariante sind die Platten des Kühlkreislaufes auf der Moduloberseite und der Modulunterseite identisch.

Der Zu- und Ablauf für die Suspension und die Anschlüsse für das Filtrat wurden in 1/2" ausgeführt. Die Anschlüsse der Ionentauscherkreisläufe und für das Kühlmedium wurden in 3/8" ausgeführt. Die nachfolgende Abbildung zeigt rot markiert die Kanten der innen liegenden Bauteile, transparent die Kühlkreisläufe und den Eingriffschutz sowie die entsprechenden Anschlussstellen für Flüssigkeiten am Modul. Die Einlaufstrecke für die Suspension ist im linken Bereich der Abbildung zu erkennen, auch verdeutlicht durch die Lage der Anschlüsse für die Ionentauscherflüssigkeit.

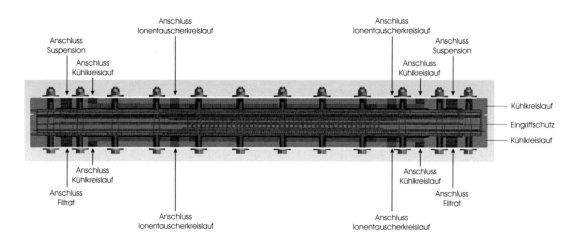

Abbildung 113: Flüssigkeitsanschlüsse (Modulvariante mit Ionentauschermembranen)

Abbildung 114 zeigt die Modulvariante mit Ionentauschermembranen im montierten Zustand von oben. Nur die Kühlkreisläufe und der Eingriffschutz sind transparent dargestellt. Es ist der Suspensionskanal zu erkennen, der von den dunklen Windungen des in der Darstellung oberen Kühlkreislaufes überlappt wird. Mittig sind die rot markierten Kanten der Windungen des in der Darstellung oberen Ionentauscherkreislaufes zu erkennen.

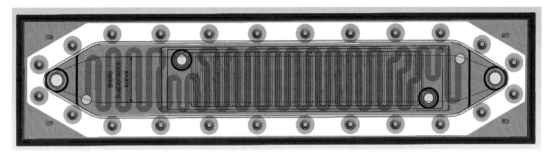

Abbildung 114: Kühlkreislauf/Ionentauscherkreislauf (Modul mit Ionentauschermembranen)

Im Entwicklungsprozess war für den Kühlkreislauf zunächst keine Kühlfunktion angedacht. Er sollte zu Beginn nur eine stabile, elektrisch isolierende Platte aus Plexiglas sein, welche das Modul nach außen hin abschließt und die Flüssigkeitsanschlüsse mechanisch stabil und dicht aufnimmt. Für die Dicke der Platte wurde deshalb 30 mm gewählt, um eine sinnvolle Gewindelänge für das Einschrauben der Flüssigkeitsanschlüsse umsetzen zu können. Neben allen sonstigen dargestellten Details wurde auch entschieden, in die vormalig ebene Platte zusätzlich Windungen für einen Kühlkreislauf einzubringen. Es wurde also nicht zuerst eine notwendige Wärmetauscherfläche berechnet, was dem üblichen Vorgehen für die Auslegung von Wärmeübertragern entspricht. Die Wärmetauscherfläche ergibt sich erst im Nachhinein anhand der ausgeführten Windungen. Von vornherein war beabsichtigt, dass der Kühlkreislauf am Modul nur geringe Wärmemengen abführt. Dass diese Aufgabe erfüllt wird, zeigen die späteren Rechnungen.

Der Kanal des Kühlkreislaufes führt das Kühlmedium in jeder Modulvariante über die Rückseite der jeweiligen Kondensatorplatte. Die Windungen wurden so gelegt, dass eine maximale Kühlfläche bei gleichzeitiger Dichtheit des Kühlkanals gewährleistet wird. Dadurch kann die Wärme am Modul optimal abgeführt werden.

Ein Betrieb des Kühlkreislaufes zum Erwärmen des Moduls wurde in der Auslegung nicht berücksichtigt. Dieser Vorgang würde eintreten, wenn statt Kühlflüssigkeit ein Medium höherer Temperatur als Ionentauscherflüssigkeit, Suspension oder Filtrat durch den Kühlkreislauf geleitet werden würde. Ein solcher Betrieb wird zu Schädigung des Moduls führen. Die Temperatur im Zentrum des Moduls (Grundkörper) muss stets größer oder gleich der Temperatur in den Außenbereichen des Moduls (Kühlkreislauf) sein, wovon für die Gestaltung ausgegangen wurde. Anderenfalls dehnen sich die außen liegenden Bauteile stärker aus als die innen liegenden, es kommt zur Modulschädigung.

Befinden sich Teilchen in einem elektrischen Wechselfeld, so geraten sie in Schwingungen, wie bereits in der Einleitung beschrieben. Durch die dabei verursachte Reibung zwischen den Teilchen wird Wärme frei. Das Modul soll nicht mit elektrischem Wechselfeld betrieben werden, so dass diese Art der Einbringung von Wärme in das Modul nicht zu berücksichtigen ist. Einflüsse, wie beispielsweise der Anstieg der Raumtemperatur oder Sonneneinstrahlung, durch welche sich das Modul mit der Zeit erwärmt, sind nicht zu berücksichtigen.

Einzig maßgeblich für eine Erwärmung des Moduls ist der Fall des Stromflusses zwischen den Elektroden. Bis zu einem gewissen Maß kann dann der Kühlkreislauf eine konstante Temperatur durch Wärmeabfuhr für die Filtration gewährleisten, wie nachfolgend gezeigt werden soll. Für den Fall stärkerer Erwärmungen am Modul im Betrieb sind externe Wärmetauschvorrichtungen vorzusehen.

Am Modul fließe zwischen den Elektroden ein elektrischer Strom. Diese elektrische Energie kann verlustfrei vollständig in Wärmeenergie (Joule'sche Wärme) umgewandelt werden [1, 2], wovon vereinfachend ausgegangen wird. Diese Wärmeenergie kann mit Gleichung (27) berechnet werden.

$$W = UI\Delta t \tag{27}$$

Die Spannung betrage dabei 450 V, wie in den nachfolgenden Kapiteln zur Elektrolyse und zum Leistungsbedarf begründet. Das Zeitintervall kann frei gewählt werden. Es wurde entschieden, die in einer Stunde erhaltene Wärmemenge zu berechnen.

In Abhängigkeit vom Elektrolyt zwischen den Kondensatorplatten ergeben sich unterschiedliche Werte für den Stromfluss. Die nachfolgend dargestellten Werte stammen aus dem späteren Kapitel zur Berechnung des Leistungsbedarfes des Moduls.

Medium	ρ [Ωm]	I [A]	P [W]
Kochsalzlösung (10%)	0,079	6835,44	$30759,48 \times 10^2$
Seewasser	0,3	1800,00	$8100,00 \times 10^2$
Flusswasser	10 bis 100	54,00 bis 5,40	24300 bis 2430
Wasser, destilliert	$(1 \text{ bis } 4) \cdot 10^4$	0,054 bis 0,0135	24,3 bis 6,075

Abbildung 162: Leistungsbedarf bei Stromfluss zwischen den Kondensatorplatten

Nach Abbildung 162 wird destilliertes Wasser für die nachfolgenden Rechnungen verwendet. Stromfluss und Leistungsbedarf liegen hierfür in einem vertretbaren Bereich. In der Zeit von einer Stunde wird unter Verwendung von destilliertem Wasser als Elektrolyt bei einem Strom von 0,054 A eine Wärmemenge von $8,748 \times 10^4$ J frei. Diese sei vollständig abzuführen. Es ergibt sich somit ein durch das Kühlmittel abzuführender Wärmestrom von 24,3 W.

Bei diesem Ansatz wird nicht berücksichtigt, dass bereits Suspensions- und Filtratstrom eine gewisse Wärmemenge aufnehmen und abführen, ohne, dass diese die Kühlflüssigkeit erreicht. Es geht darum zu zeigen, dass der Kühlkreislauf aufgrund seiner Wärmetauscherfläche überhaupt in der Lage ist solche, durch den elektrischen Stromfluss hervorgerufene, allgemein also kleine Wärmeströme abzuführen.

Der Kühlkreislauf kann sowohl im Gleich- als auch im Gegenstrom zum Suspensionskreislauf betrieben werden. Nachfolgend sei beispielhaft dargestellt, welche Kühlwirkung durch den Kühlkreislauf im Gegenstrombetrieb zu erwarten ist. Diese liegt höher als im Gleichstrombetrieb.

Als Kühlmittel soll Wasser mit einer Eintrittstemperatur von 4 °C verwendet werden. Der Volumenstrom des Kühlmittels betrage 10 l/h. Die Dichte von Wasser unter Normalbedingungen beträgt $1,003 \times 10^3$ kg/m^3. Es liegt dann ein Massenstrom von $2,786 \times 10^{-3}$ kg/s vor. Die spezifische Wärmekapazität c_P von Wasser beträgt unter Normalbedingungen 4187 J/kg x K [1]. Unter Verwendung von Gleichung (39) ergibt sich dann für das Wasser des Kühlkreislaufes eine Erwärmung um 2,08 °C auf 6,08 °C.

Durch die Verwendung realitätsnaher Werte für die Rechnungen und aufgrund der Erwärmung des Kühlwassers um nur 2,08 °C scheint der Kühlkreislauf geringe Wärmemengen erfolgreich abführen zu können.

Ebenso kann die Wärmetauscherfläche nach Gleichung (40) in die Berechnungen einbezogen werden. Es empfiehlt sich dann, den für das Modul zu erwartenden Wärmedurchgangskoeffizienten k zu berechnen und mit Literaturangaben für ähnlich gestaltete Wärmeübertrager zu vergleichen. Dann ist eine Aussage dazu möglich, ob der entworfene Kühlkreislauf die üblichen Anforderungen erfüllt oder nicht. Der umgekehrte Weg, den Wärmedurchgangskoeffizienten festzusetzen und dann spezielle Rechnungen vorzunehmen erscheint nicht sinnvoll, weil eine solche Festlegung dieses Parameters hinreichend genau nicht möglich ist und Rechnungen somit verfälscht werden.

Die durch den elektrischen Stromfluss eingebrachte Wärmemenge soll vereinfachend vollständig durch den Kühlkreislauf abgeführt werden. Tritt die Suspension mit 20 °C in das Modul ein, so wird sie in diesem Fall auch wieder mit 20 °C austreten. Am realen Modul wird die durch den elektrischen Stromfluss erzeugte Wärme natürlich auch zum Teil mit Suspension und Filtrat statt nur durch die Kühlflüssigkeit aus dem Modul abgeführt. Suspension und Filtrat werden sich erwärmen, die Temperaturerhöhung der Kühlflüssigkeit liegt dann nicht so hoch wie zuvor berechnet. Wie sich die Wärmemenge dabei aufteilt ist aber nicht bekannt, so dass die getroffene Vereinfachung sinnvoll erscheint.

Mit den getroffenen Annahmen kann für den Gegenstrombetrieb die folgende mittlere Temperaturdifferenz berechnet werden.

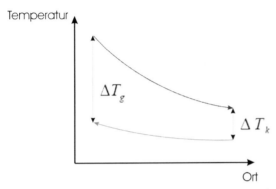

Abbildung 115: Temperaturverlauf Gegenstromwärmeübertrager

$$\Delta T_m = \frac{\Delta T_g - \Delta T_k}{\ln\left[\dfrac{\Delta T_g}{\Delta T_k}\right]} = \frac{(20°C - 6,08°C) - (20°C - 4°C)}{\ln\left[\dfrac{(20°C - 6,08°C)}{(20°C - 4°C)}\right]} = 14,94°C \qquad (46)$$

Die durch Kühlflüssigkeit überspülte Fläche auf der Rückseite jeder Kondensatorplatte beträgt 33777,88 mm². Die Suspension und das Filtrat, also die stromleitenden Flüssigkeiten, werden oberhalb und unterhalb jeweils mit Hilfe des Bauteils „Kühlkreislauf" gekühlt. Vereinfachend verdoppelt sich die zuvor genannte Wärmetauscherfläche dadurch auf 67555,76 mm². Am realen Modul wird die Kühlwirkung auf Grund der in diesem Absatz getroffenen Vereinfachungen schwächer sein. Dieser Fehler kann nur durch Messungen am Modul genau bestimmt werden.

Berechnet man mit Hilfe der mittleren Temperaturdifferenz, dem Wärmestrom durch elektrischen Stromfluss und der Wärmetauscherfläche von 67555,76 mm² den Wärmedurchgangskoeffizienten aus Gleichung (40), erhält man einen Wert von k = 24,08 W/m²K

Dieser Wert liegt deutlich unter den Angaben von 1500 W/m²K bis 2300 W/m²K für ähnliche, ebene Bauweisen von Wärmeübertragern in [25]. Dieser niedrige Wert ist durch den geringen, eingesetzten Wärmestrom bedingt, wie man an Gleichung (40) sieht. Die Wärmetauscherfläche ist für das Modul eine Konstante. Die mittlere Temperaturdifferenz wird sich mit dem Anstieg des Wärmestroms weniger stark als dieser erhöhen. Demzufolge ist der Wärmestrom für den Wärmedurchgangskoeffizienten ausschlaggebend. Dessen niedrige Wert zeigt, dass der Kühlkreislauf kleine Wärmeströme gut abführen kann und somit seine Aufgabe gut erfüllt. Es zeigt sich auch, dass durch das starke Unterschreiten der recherchierten Werte für den Wärmedurchgangskoeffizienten die Möglichkeit besteht, auch etwas größere als den verwendeten Wärmestrom abzuführen.

Der Kühlkreislauf nimmt, wie bereits dargestellt, die Kondensatorplatten auf und isoliert diese gegenüber den Schrauben. Dafür wurden 24 Absätze um die Langlöcher zur Durchführung der Schrauben vorgesehen. Die Maße der Langlöcher ergeben sich aus den zu erwartenden thermischen Ausdehnungen am Modul. Die nachfolgende Abbildung gibt die Kennmaße der Dichtringnut im Kopf der Absätze wieder. Die Kondensatorplatte wird transparent dargestellt. In grau und schwarz sind der Absatz des Kühlkreislaufes und der Dichtring zu erkennen.

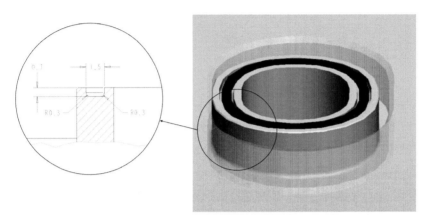

Abbildung 116: Eingreifen Kühlkreislauf in Kondensatorplatte und Maße Dichtringnut

Die Kondensatorplatte und die Absätze schließen auf gleicher Höhe ab. Der Dichtring liegt auf dem entsprechenden Nachbarbauteil auf. Für die Kontaktfläche zwischen den Absätzen und dem Nachbarbauteil wurde am Nachbarbauteil genügend Auflagefläche vorgesehen, auch unter Berücksichtigung von Temperatureinflüssen. Die Höhe der Absätze wurde entsprechend gestaltet.

Die rechteckige Dichtringnut des Kühlkreislaufes und die kreisförmigen der Anschlüsse wurden in den Standardmaßen nach Abbildung 33 ausgeführt.

Die außen umlaufende Erhöhung des Kühlkreislaufes dient als Montagehilfe und nimmt thermisch bedingte Plattenbewegungen auf. Sie trägt einen Dichtring und einen Absatz, um den Eingriffschutz aufzunehmen. Die solide Ausführung des Kühlkreislaufes entspricht zwar einer groben Bauteiloptimierung, soll aber auch, wie die Kondensatorplatten, bei lastbedingtem Bauteilversagen die auftretenden Spannungsspitzen aufnehmen. Die außen umlaufende Erhöhung des Kühlkreislaufes ergänzt diese Aufgabe, neben dem Eingriffschutz, in Richtung der kurzen Modulseiten.

Für die vorliegende Arbeit war von einer flächigen Lagerung des Moduls auf den Schraubenköpfen des unteren Kühlkreislaufes auszugehen. Die exakte Ausführung der Lagerung wird im Labor vorgenommen und ist nicht Bestandteil dieser Arbeit. Wird das Modul nicht gleichmäßig flächig aufgelagert, dann kann es durch Eigenlast zu Durchbiegung und somit zu Undichtigkeit oder anderweitigem Versagen des Moduls kommen.

Der Kühlkreislauf liegt nicht zwischen den die Modulplatten verpressenden, stabilen Kondensatorplatten. Krafteinleitung und Kraftfluss am Kühlkreislauf wurden deswegen simuliert. Ziel war der Nachweis der korrekten Dimensionierung und Dichtigkeit des Kühlkreislaufes.

In jeder Modulvariante gibt es einen oben und einen unten liegenden Kühlkreislauf, wie Abbildung 113 zeigt. Der untere Kühlkreislauf wird dabei maximal belastet. Es wirkt der Druck des Kühlmediums von maximal 3 bar und die Gewichtskraft der über dem Kühlkreislauf liegenden Bauteile. In der Modulvariante mit Ionentauschermembranen ist die Gewichtskraft maximal, so dass die FEM-Simulationen an dieser Modulvariante durchgeführt wurden. Die Lagerung und Krafteinleitung erfolgte wiederum über die Ränder der Langlöcher des Bauteils, wie die nachfolgende Abbildung rot markiert zeigt.

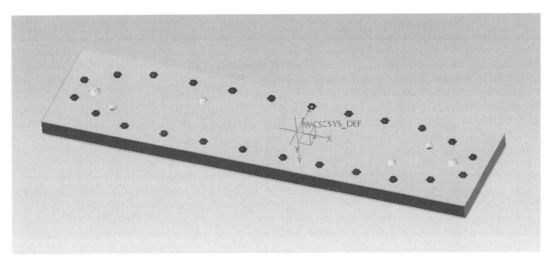

Abbildung 117: Lagerung Kühlkreislauf

Die Masse der Bauteile wurde mit ProEngineer berechnet, so dass die zugehöre Gewichtskraft flächig aufgebracht werden konnte, wie nachfolgend rot dargestellt.

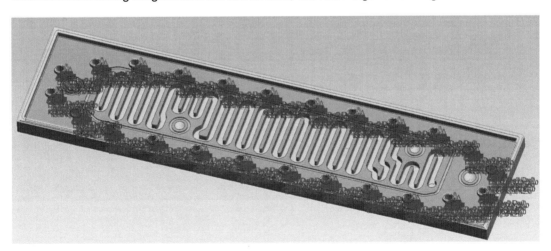

Abbildung 118: Gewichtskraft Kühlkreislauf

Der maximale Druck von 3 bar seitens des Kühlmediums wirkt nur in dem Kanal für das Kühlmedium. Die beiden nachfolgenden Abbildungen verdeutlichen dies, abermals rot hervorgehoben. Die Gewinde der Anschlüsse werden nicht durch den Druck des Kühlmediums belastet. Die hier auftretenden Kräfte werden durch die eingeschraubten Anschlüsse vollständig aufgenommen.

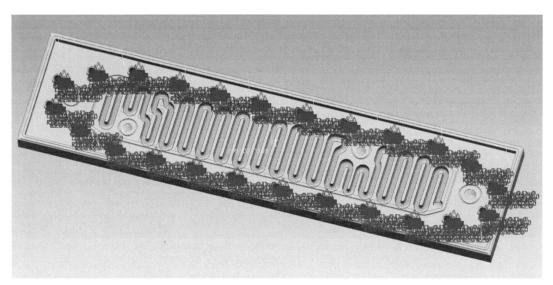

Abbildung 119: Druck Kühlmedium

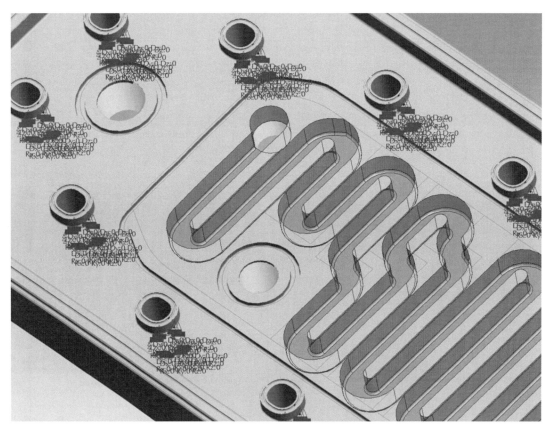

Abbildung 120: Druck Kühlmedium (Detail)

Für die auftretenden Spannungen ergibt sich ein ausgeglichenes Bild. Die beiden nachfolgenden Abbildungen zeigen das Bauteil in der Gesamtansicht und im Detail. Das Spannungsmaximum tritt wiederum im Rand eines Langlochs auf der Bauteilaußenseite, also an der Krafteinleitestelle auf. Dieses Maximum ist als Simulationsfehler zu werten, bedingt durch die umgesetzte Lagerung. Eine Bauteilschädigung ist durch die auftretenden Spannungen nicht zu erwarten.

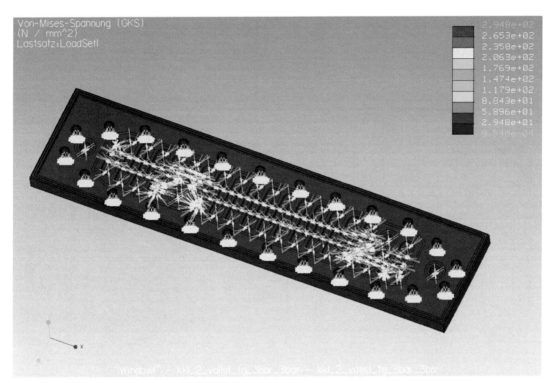

Abbildung 121: Gesamtansicht Spannungen Kühlkreislauf

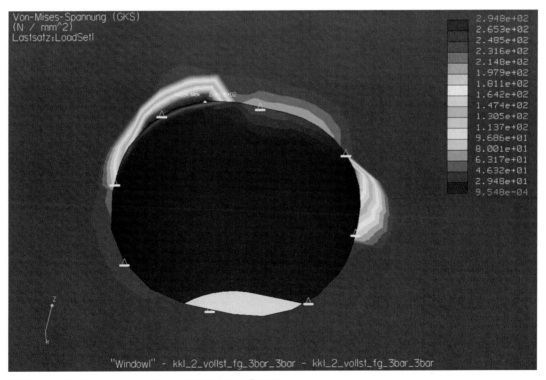

Abbildung 122: Spannungsmaximum Kühlkreislauf (Detail)

Das Bild für die auftretenden Verschiebungen stellt sich kritischer dar, obwohl die in der Werkstatt maximal verfügbare Plattenstärke für den Kühlkreislauf verwendet wurde.

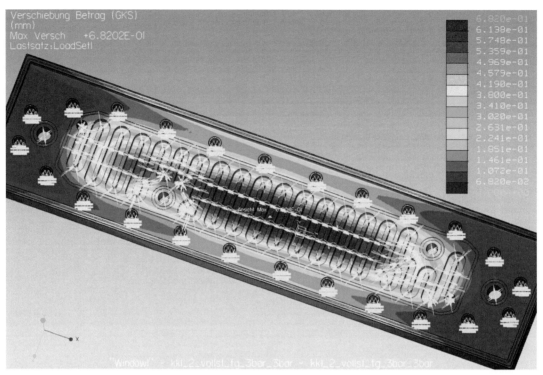

Abbildung 123: Gesamtansicht Verschiebungen Kühlkreislauf

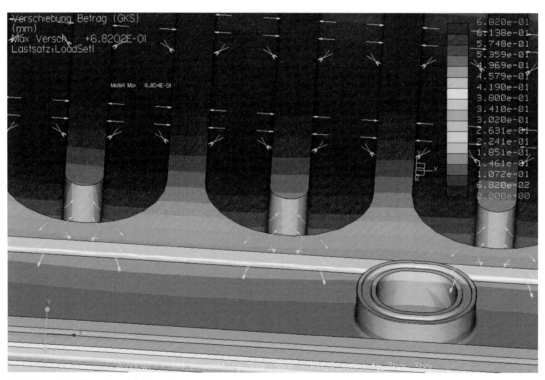

Abbildung 124: Randbereich Verschiebungen Kühlkreislauf

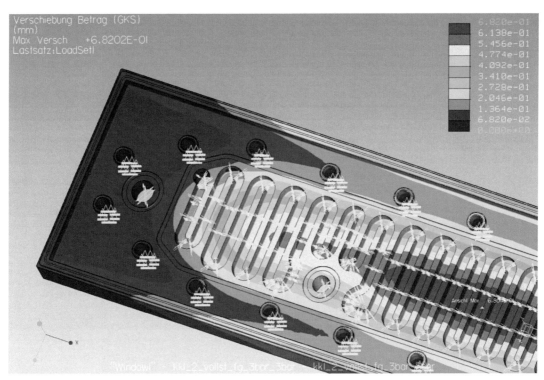

Abbildung 125: Verschiebungen Kühlkreislauf über Einlaufstrecke (Detail)

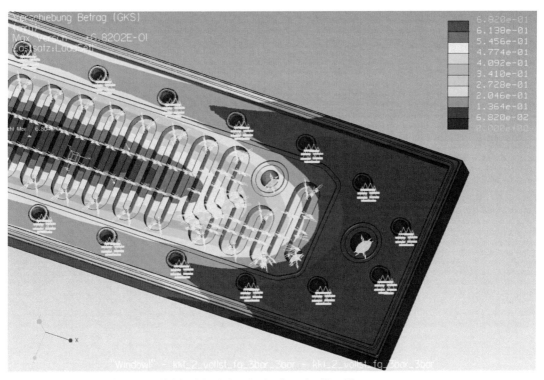

Abbildung 126: Verschiebungen Kühlkreislauf über Auslaufstrecke (Detail)

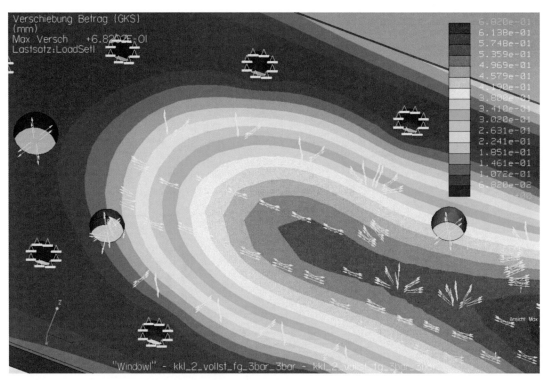

Abbildung 127: Verschiebungen Kühlkreislauf über Einlaufstrecke, Bauteilaußenseite

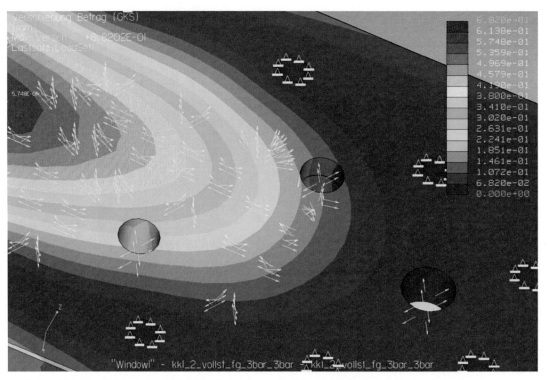

Abbildung 128: Verschiebungen Kühlkreislauf über Auslaufstrecke, Bauteilaußenseite

Bezüglich der Dichtigkeit des Kühlkreislaufes können die folgenden Aussagen getroffen werden.

Die Suspensionsanschlüsse und die Filtratanschlüsse erscheinen bezüglich des Anschlusses der zugehörigen Leitungen und des Durchtritts der Flüssigkeiten als unbedenklich bzw. dicht.

Die rechteckige, umlaufende Dichtung des Kühlkreislaufes wird von den Verformungen, hervorgerufen durch die Druckverhältnisse in den Windungen des Kühlkreislaufes, beeinflusst. Die maximale Verformung liegt für diese Dichtung bei 0,28 mm. Im Betrieb des Moduls ist zu überprüfen, ob dieses Simulationsergebnis zu einer Undichtheit des realen Moduls führt. Sollte Undichtheit auftreten, kann diese leicht durch Verwendung einer Dichtringschnur größeren Durchmessers beseitigt werden.

Die Anschlüsse des Kühlmediums unterliegen einer maximalen Verformung von 0,17 mm. Diese Verformung wird zum Teil durch die eingeschraubten Anschlüsse der Leitungen reduziert. Sollte Undichtheit in diesem Bereich auftreten, kann diese durch das Einbringen von Silikonband zwischen dem Gewinde im Kühlkreislauf und dem Gewinde des Anschlusses der jeweiligen Leitung beseitigt werden.

Die maximale Verformung tritt im Bereich der Einleitung und Durchleitung der Ionentauscherflüssigkeit auf. Diese beträgt maximal 0,48 mm für den Anschluss am Ende der Einlaufstrecke. Ebenso kann Undichtheit in dem Gewinde des Anschlusses auftreten. Auch hier ist zu überprüfen, ob die Simulationsergebnisse tatsächlich zu einer Undichtheit des Moduls führen. Sollte dieser Fall eintreten, kann durch die Verwendung von Silikonband für die Gewinde und von Dichtschnur größeren Durchmessers für die Dichtringnuten Undichtheit beseitigt werden.

In den Köpfen der Absätze um die Langlöcher tritt eine Verformung von 0,23 mm auf. Auch hier ist die Verwendung von Dichtringen eines größeren Durchmessers möglich.

Es wird empfohlen, das Modul nach der Montage zunächst ohne das Anlegen eines elektrischen Feldes auf vollständige Dichtigkeit zu überprüfen. Sollte diese entgegen den Auslegungsrechnungen nicht auftreten, kann sie durch die Verwendung von Silikonband in den Gewinden der Anschlüsse und von Dichtringschnur bzw. Dichtringen eines größeren Durchmessers in den Dichtringnuten geschaffen werden. Im Bereich zwischen den Kondensatorplatten werden die Bauteile gleichmäßig und flächig miteinander verpresst, weil die Kondensatorplatten entsprechend stabil sind. Speziell für den Kühlkreislauf erfolgt eine gleichmäßigere Krafteinleitung als in der FEM-Simulation angenommen. Undichtheit kann für den Kühlkreislauf, außer durch die bereits dargestellten Maßnahmen, durch die Verwendung eines zusätzlichen Unterlegrahmens höherer Festigkeit als bereits vorgesehen beseitigt werden. Es darf dabei keine elektrisch leitende Verbindung der Schrauben miteinander erfolgen. Ein weiterer Unterlegrahmen höherer Festigkeit führt zu einem Verpressen des Kühlkreislaufes vergleichbar mit den Bauteilen zwischen den Kondensatorplatten.

10.1.8. Der Eingriffschutz

Exemplarisch ist in der nachfolgenden Abbildung der Eingriffschutz aus Plexiglas für die Modulvariante mit Ionentauschermembranen dargestellt.

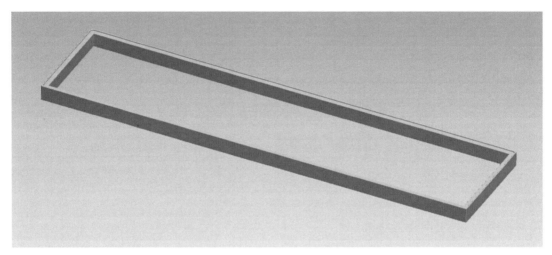

Abbildung 129: Unterseite Eingriffschutz

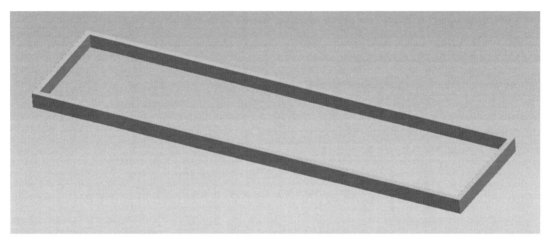

Abbildung 130: Oberseite Eingriffschutz

Es handelt sich um ein Bauteil, dass keine Last trägt. Aufgabe des Bauteils ist es, am jeweiligen Modul den Raum zwischen den beiden Kühlkreisläufen zu schließen, wie in der nachfolgenden Abbildung dargestellt. Nur der Eingriffschutz wird transparent abgebildet

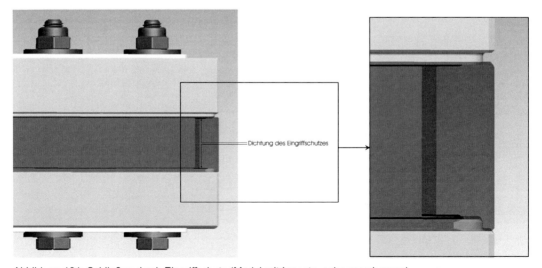

Abbildung 131: Schließen durch Eingriffschutz (Modul mit Ionentauschermembranen)

Der Eingriffschutz wird von oben und unten durch den außen liegenden Dichtring des jeweiligen Kühlkreislaufes gedichtet.

In der vollständigen Montage der jeweiligen Modulvariante wird das Risiko eines Personenschadens durch den Eingriffschutz weiter minimiert.

Für die Herstellung des Eingriffschutzes wurde, wie bei allen anderen Bauteilen, darauf geachtet, dass eine möglichst einfache Fertigung möglich ist. Deswegen trägt er nicht zwei Absätze, was intuitiv logisch wäre, sondern nur einen. Dadurch wird die für das Fräsen des Absatzes notwendige Auflagefläche geschaffen. Der Absatz wird am Modul zur Positionierung des Eingriffschutzes durch Formschluss verwendet und sollte wie in Abbildung 131 unten liegend montiert werden. Die nachfolgende Darstellung zeigt eine Ecke des Eingriffschutzes der Modulvariante mit Ionentauschermembranen in der Drahtmodelldarstellung. Der umlaufende Absatz am Eingriffschutz ist deutlich zu erkennen.

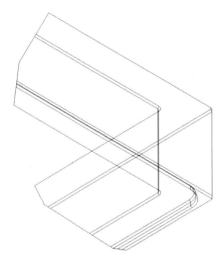

Abbildung 132: Absatz am Eingriffschutz

Es ist auf die Verwendung des richtigen Eingriffschutzes zu achten. Es liegen drei Modelle vor, die sich, bedingt durch den unterschiedlichen Plattenabstand der Modulvarianten, nur in ihrem Höhenmaß unterscheiden. Bei Verwendung eines Spacers mit einer größeren Höhe als 3 mm muss ein weiterer Eingriffschutz gefertigt werden.

10.1.9. Der Unterlegrahmen

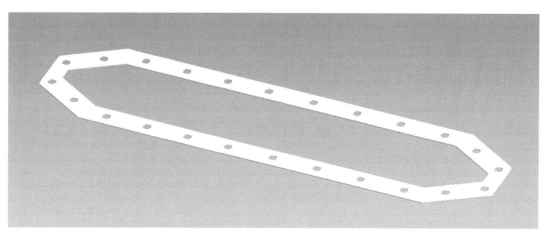

Abbildung 133: Unterlegrahmen

Dieses Bauteil aus Polytetrafluorethylen (PTFE) gewährleistet die flächige Krafteinleitung von den Unterlegscheiben in den Kühlkreislauf. Es nimmt Unebenheiten der als Normteile gelieferten Unterlegscheiben auf, um das Einbringen von Kerben in das Plexiglas des Kühlkreislaufes auszuschließen. Das Bauteil nimmt thermische Längenänderungen der Schrauben auf. Es dichtet den in den Langlöchern der Bauteile stehenden runden Kern der Schrauben nach außen hin ab. Die nachfolgende Abbildung verdeutlicht dies durch die transparente Darstellung der Kühlkreisläufe und des Eingriffschutzes an der Modulvariante mit Ionentauschermembranen im geschlossenen Zustand.

Abbildung 134: Unterlegrahmen an Modulvariante mit Ionentauschermembranen

Der Unterlegrahmen war so dünn wie möglich zu gestalten. Deswegen wurde der verwendete, sehr feste Kunststoff gewählt. Isolationswirkung, Steifigkeit und Dichtfähigkeit werden in diesem vereint. Die Werkstoffauswahl erfolgte auch nach den Möglichkeiten der Werkstatt.

10.1.10. Die Unterlegscheiben

Es handelt sich um Normteile gemäß der Stücklisten der Zusammenbauzeichnung des jeweiligen Membranmoduls. Die Unterlegscheiben dienen der Krafteinleitung und dichten die Langlöcher der Schrauben nach außen hin ab. Sie ergänzen die Aufgaben des Unterlegrahmens. Noch mehr als der Unterlegrahmen gleichen sie thermische Längenänderungen der Schrauben durch ihre elastische Verformung aus. Die Unterlegscheiben berühren sich auch bei ungünstigster thermischer Verschiebung am Modul nicht.

10.1.11. Schrauben und Muttern

Die Auswahl der M10 - Schrauben der Festigkeitsklasse 8.8 für das Membranmodul erfolgte nach den Angaben der Firma Bauer und Schaurte / Neuss, nachzulesen in [26].

. Die aufzubringende und dynamisch in Achsrichtung der Schrauben wirkende Kraft ergibt sich aus der Fläche des Suspensionsraumes und dem maximalen Druck von 3 bar. Wiederum wird der Gesamtdruck mit Hilfe der Fläche in eine Gesamtkraft umgerechnet. Diese wird dann durch die Schraubenanzahl dividiert, wodurch man die Einzelschraubenkraft erhält. Alle 24 Schrauben gemeinsam bringen die Gesamtkraft gleichmäßig verteilt auf. Die Schraubenkraft wird als dynamisch angenommen, um Schwankungen in den Lasten am Modul zu berücksichtigen.

Die Tragfähigkeit der Schrauben wurde mit einer Sicherheit von 2,0 beaufschlagt, um beispielsweise Undichtheit des Moduls, ungleichmäßiges Anziehen der Schrauben oder Druckstöße der Suspension abzufangen. Bei Überschreiten der zulässigen Lasten am Modul werden die Schrauben gemeinsam mit den Kondensatorplatten, dem Kühlkreislauf und dem Eingriffschutz weiterführende mechanische Beschädigungen vermeiden helfen.

Alle Schrauben am Modul sind vollständig gegeneinander gedichtet und durch Plexiglas voneinander elektrisch isoliert. Ein Kurzschluss der Kondensatorplatten am Modul ist über die Schrauben somit nicht möglich.

Als Muttern wurden handelsübliche Sechskantemuttern zugeordnet. Sollte es sich als notwendig erweisen, können diese Muttern zusätzlich mit Gummikappen abgedeckt werden. Diese Kappen sind nicht Bestandteil der vorliegenden Arbeit und können bei Bedarf als Normteil bestellt werden.

10.1.12. Zentrierstifte

Die Zentrierstifte am Modul haben unterschiedliche Abmaße und sind gemäß der zugehörigen Zusammenbauzeichnung zu montieren.

10.2. Modulvariante mit innen liegenden, nicht isolierten Platten

Alle für diese Modulvariante charakteristischen Bauteilen wurden bereits zuvor dargestellt. Die nachfolgende Abbildung verdeutlicht den Aufbau des Moduls im Querschnitt in Längsrichtung des Moduls. Bauteile werden dabei grau dargestellt, Flüssigkeiten blau. Diese Festlegung wird nachfolgend beibehalten.

Abbildung 135: Aufbau Modulvariante mit innen liegenden, nicht isolierten Platten

Die Suspension wird in dieser Modulvariante im dem durch den Spacer vorgegebenen Kanal über den Grundkörper geführt. Dabei tritt das Filtrat durch den Grundkörper. Oberhalb der Suspension und unterhalb des Filtrats befinden sich die Kondensatorplatten. Demzufolge sind die Kondensatorplatten über Filtrat und Suspension elektrisch leitend miteinander verbunden. Zwischen den Kondensatorplatten wirkt das elektrische Feld. Die Kondensatorplatten werden auf ihrer Rückseite mit Kühlmittel überspült. Der Strömungsraum des Kühlmittels wird durch das Bauteil „Kühlkreislauf" vorgegeben, welches das Modul nach außen hin abschließt. Die Bezeichnung der Modulvariante richtet sich also nach der Positionierung der Kondensatorplatten im Modul.

10.3. Modulvariante mit außen liegenden, isolierten Platten

Abbildung 136: Aufbau Modulvariante mit außen liegenden, isolierten Platten

In dieser Modulvariante wird, im Vergleich zur Modulvariante mit innen liegenden, nicht isolierten Platten, der elektrische Stromfluss zwischen den Kondensatorplatten durch das Einbringen zweier Kunststoffplatten verhindert. Diese Kunststoffplatten sind die einzigen neuen Bauteile im Vergleich zur Modulvariante mit innen liegenden, nicht isolierten Platten. Die Funktionsweise dieser Modulvariante gleicht der zuvor dargestellten, mit dem Unterschied, dass die Kondensatorplatten weiter außen liegen und elektrisch voneinander isoliert sind.

Die nachfolgende Abbildung stellt exemplarisch die obere der beiden isolierenden Kunststoffplatten nach Abbildung 136 dar. Deutlich zu erkennen sind die Bohrungen zur Durchführung der Schrauben sowie die Dichtringnut für die Dichtung zwischen diesem Bauteil und dem Spacer.

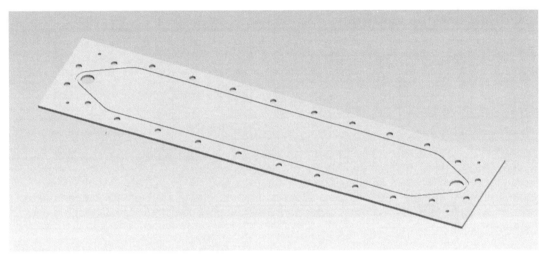

Abbildung 137: isolierende Platte aus Plexiglas

Das Material der isolierenden Platten ist Plexiglas. Durch Kraft- und Formschluss werden alle auf dieses Bauteil wirkenden Belastungen an die darunter bzw. darüber liegenden Bauteile abgeführt. Die Richtung der wirkenden Kräfte war dabei stets vom Grundkörper nach außen, also in Richtung der Kondensatorplatten, mit maximal 3 bar anzunehmen. Demzufolge ist für das Bauteil kein Tragfähigkeitsnachweis erforderlich, weil es vollständig und flächig durch die ausreichend starren Kondensatorplatten gelagert wird. Druckkräfte auf die Bauteiloberfläche dieses Bauteils aus Plexiglas führen zu keiner Schädigung, wie bereits zuvor dargestellt.

10.4. Modulvariante mit Ionentauschermembranen

In Vergleich zur Modulvariante mit außen liegenden, isolierten (Kondensator-) Platten werden die isolierenden Kunststoffplatten in der Modulvariante mit Ionentauschermembranen durch Ionentauscherkreisläufe ersetzt. Jeweils ein solcher Kreislauf befindet sich nach Abbildung 138 und Abbildung 139 oberhalb der Suspension und unterhalb des Filtrats. Die Funktionsweise dieser Modulvariante gleicht, bis auf den Unterschied der Ionentauscherkreisläufe, den zuvor dargestellten.

Kühlkreislauf
Kühlmittel
Kondensatorplatte
Ionentauscherflüssigkeit
Ionentauscherbasis mit Ionentauschermembran
Suspension
Spacer
Grundkörper
Filtrat
Ionentauscherbasis mit Ionentauschermembran
Ionentauscherflüssigkeit
Kondensatorplatte
Kühlmittel
Kühlkreislauf

Abbildung 138: Aufbau Modulvariante mit Ionentauschermembranen

Jeder Ionentauscherkreislauf besteht aus mehreren Bauteilen, wie nachfolgend dargestellt. Vereinfacht gehört zu einem Ionentauscherkreislauf eine Ionentauscherbasis, eine Ionentauschermembran und die überspülende Ionentauscherflüssigkeit. Die beiden oberhalb und unterhalb des Grundkörpers liegenden Ionentauscherkreisläufe sind nachfolgend rot markiert.

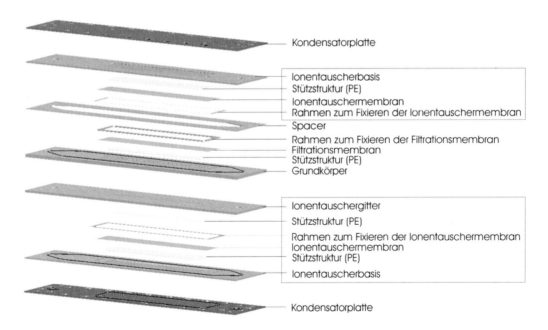

Abbildung 139: Bereich zw. Kondensatorplatten (Modul mit Ionentauschermembran)

Exemplarisch ist nachfolgend die in Abbildung 139 obere Ionentauscherbasis vergrößert dargestellt.

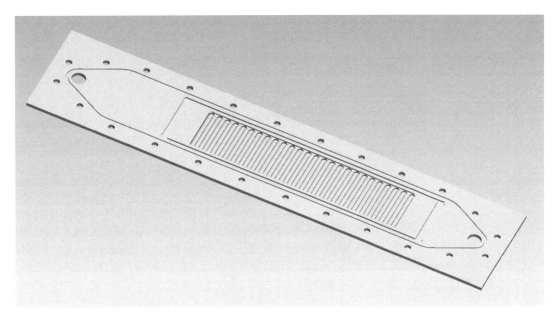

Abbildung 140: Suspensionsseite der oberen Ionentauscherbasis

Auf der Suspensionsseite der oberen Ionentauscherbasis ist mittig die rechteckige Vertiefung zur Aufnahme der Stützstruktur aus Polyethylen zu erkennen. Um diese Vertiefung verläuft eine weitere rechteckige Vertiefung. Diese nimmt einen Rahmen auf. Die Ionentauschermembran wird so eingebracht, dass sie auf der Stützstruktur aufliegt und durch den eingesetzten Rahmen geklemmt wird. Im montierten Zustand ergibt sich für die Suspensionsseite der Ionentauscherbasis somit ein ähnliches Bild wie für den Grundkörper mit Filtrationsmembran, Stützstruktur, Balkenstruktur und Rahmen, ebenfalls im montierten Zustand. Die Längsseiten des Rahmens zum Fixieren der Ionentauschermembran werden dabei ebenfalls jeweils vollständig verdeckt. Ein Hinterspülen der Ionentauschermembran mit Suspension wird verhindert. Ebenso werden die PE-Stützstrukturen der Ionentauscherbasen auf ihren Längsseiten durch die darüber bzw. darunter liegenden Bauteile zusätzlich fixiert. Auf die Ionentauscherbasis wirkende Druckkräfte sollen maximal 3 bar betragen und vom Grundkörper nach außen in Richtung der Kondensatorplatten gerichtet sein. Der Überdruck liegt also auf der Seite der Suspension bzw. des Filtrats, bezogen auf die Ionetauscherflüssigkeit. Als sonstige Details sind die Dichtringnut, die beiden Bohrungen zum Durchleiten der Suspension sowie die Bohrungen zur Durchführung der Schrauben zu erkennen.

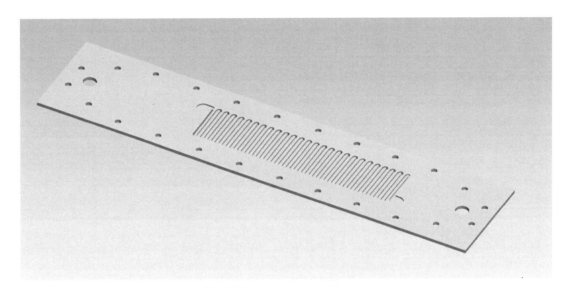
Abbildung 141: Seite der Ionentauscherflüssigkeit der oberen Ionentauscherbasis

Über die Rückseite der Ionentauscherbasis wird die Ionentauscherflüssigkeit geleitet. Diese kann links oder rechts in das mittig platzierte Labyrinth nach Abbildung 141 eingeleitet und entsprechend am anderen Ende abgeleitet werden. Die Ionentauscherflüssigkeit durchtränkt somit die Stützstruktur aus Polyethylen und dringt bis an die Ionentauschermembran vor. Gleichzeitig wird die Ionentauscherflüssigkeit ständig erneuert. Suspension bzw. Filtrat und Ionentauscherflüssigkeit kommen nicht in Kontakt. Einzige Barriere zwischen Ionentauscherflüssigkeit und Suspension bzw. Filtrat ist die Ionentauschermembran.

Der Aufbau der Ionentauscherkreislaufe auf der Suspensionsseite und der Filtratseite ist gleich. Auf der Filtratseite kann ein zusätzliches Ionentauschergitter eingebracht werden. Dieses hat die Aufgabe, die Durchbiegung der Balken des Grundkörpers aufzunehmen und abzuleiten. Des weiteren kann es während des Anfahrens des Moduls zu einem Überdruck der Ionentauscherflüssigkeit im Vergleich zum Filtrat kommen. In beiden Fällen drücken die mittigen Absätze der Balken des Grundkörpers auf der Filtratseite ohne das Ionentauschergitter direkt auf die Ionentauschermembran, so dass diese beschädigt werden könnte. Die Verwendung des Ionentauschergitters wird deswegen empfohlen. Nach dem Sammeln ausreichender Erfahrungen im Betrieb des Moduls kann auch ohne das Ionentauschergitter gearbeitet werden. Dann ist die zweite gefertigte Ionentauscherbasis für die Filtratseite zu verwenden. Die beiden Ionentauscherbasen der Filtratseite sind anhand der Dichtringnuten zu unterscheiden. Auf der Suspensionsseite ist kein Ionentauschergitter notwendig. Der Überdruck liegt stets auf der Suspensionsseite, verglichen mit der Ionentauscherflüssigkeit. Selbst bei einem davon abweichenden Betrieb ist keine Schädigung der Ionentauschermembran der Suspensionsseite vergleichbar mit der Filtratseite, wie zuvor dargestellt, zu erwarten.

Durch die Bauweise des Moduls mit Ionentauschermembranen kommt es zu einer Bewegung von Ladungsträgern zwischen den Kondensatorplatten. Es tritt elektrischer Stromfluss zwischen den Kondensatorplatten auf. Mit Hilfe der Ionentauscherflüssigkeit und der Ionentauschermembran kann dieser Stromfluss gezielt beeinflusst werden. Die Ionentauschermembran hält dabei bestimmte Ionen zurück und ist für den Durchtritt anderer Ionen offen. Die Ionentauscherflüssigkeit kann unter anderem Ladungsträger neutralisieren oder abtransportieren. Genaue Daten, beispielsweise die elektrische Leitfähigkeit zwischen den Kondensatorplatten, ist experimentell zu bestimmen. Die sonstige Funktionsweise des Moduls mit Ionentauschermembranen stimmt mit den beiden vorherigen Modulvarianten überein.

Neue Bauteile in dieser Modulvariante sind

- die Ionentauschermembranen
- die Rahmen zum Fixieren der Ionentauschermembranen
- die hochporösen Stützstrukturen aus Polyethylen
- die Ionentauscherbasen
- das Ionentauschergitter

Alle Bauteile leiten die auftretenden Beanspruchungen durch Kraft- und Formschluss an die Kondensatorplatten ab. Des weiteren sind alle Bauteile flächig aufeinander gelagert, so dass kein Festigkeitsnachweis erforderlich ist. Die auftretenden Druckbeanspruchungen an der Bauteiloberfläche sind für eine Schädigung der Bauteile deutlich zu gering, wie bereits dargestellt.

Für den Nachweis der Dichtigkeit der entsprechenden neuen Bauteile unter 10.2., 10.3. und 10.4. wurde eine FEM-Simulation unter ProEngineer für die nach Abbildung 139 obere Ionentauscherbasis durchgeführt. Die isolierenden Kunststoffplatten in der Modulvariante mit außen liegenden, isolierten (Kondensator-) Platten sind im Vergleich zu den Ionentauscherbasen deutlich weniger verschwächt, so dass der Nachweis der Dichtigkeit anhand der Ionentauscherbasen genügt.

Wie nachfolgend rot markiert wurde für die Simulation eine flächige Lagerung der Ionentauscherbasis auf der Oberseite und der Unterseite angenommen.

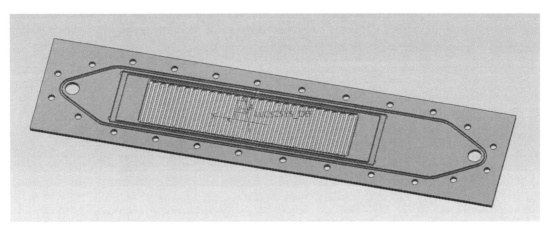

Abbildung 142: Lagerung Ionentauscherbasis, Suspensionsseite

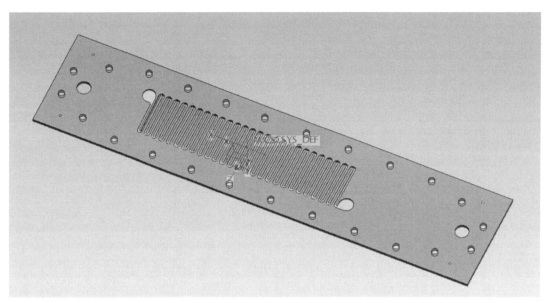

Abbildung 143: Lagerung Ionentauscherbasis, Seite der Ionentauscherflüssigkeit

Als Last wurde nur der maximale Überdruck der Ionentauscherflüssigkeit mit 3 bar angesetzt, welcher im Kanal der Ionentauscherflüssigkeit (Labyrinth) sowie im Zu- und Ablauf wirkt.

Die höchsten Spannungen und Verformungen ergeben sich dann im Bereich des Zu- und Ablaufes der Ionentauscherflüssigkeit, wie nachfolgend dargestellt.

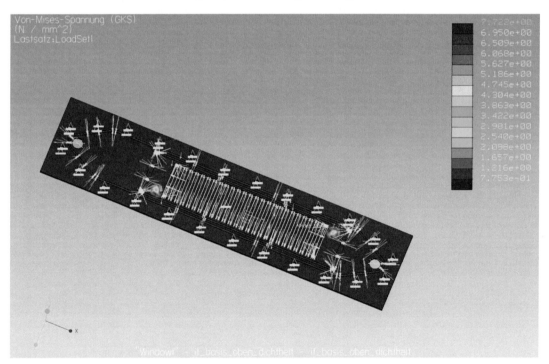

Abbildung 144: Spannungen Ionentauscherbasis gesamt (Suspensionsseite)

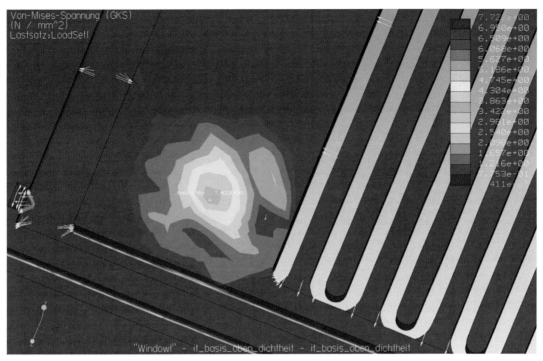

Abbildung 145: max. Spannungen Ionentauscherbasis, linker Zu-/Ablauf (Suspensionsseite)

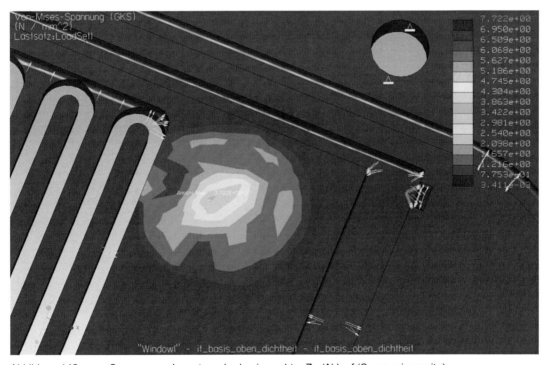

Abbildung 146: max. Spannungen Ionentauscherbasis, rechter Zu-/Ablauf (Suspensionsseite)

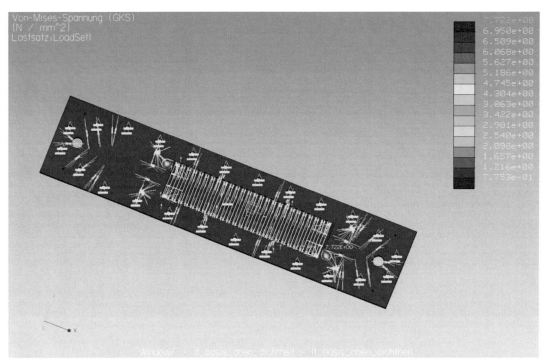

Abbildung 147: Spannungen Ionentauscherbasis gesamt (Seite Ionentauscherflüssigkeit)

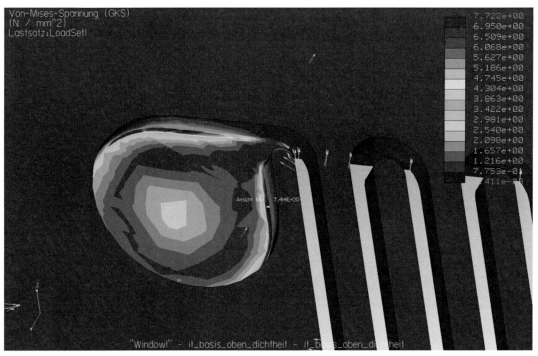

Abbildung 148: max. Spannungen Ionentauscherbasis, linker Zu-/Ablauf (Seite Ionentauscherflüssigkeit)

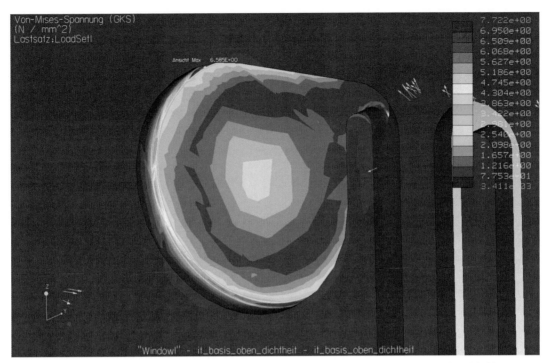

Abbildung 149: max. Spannungen Ionentauscherbasis, linker Zu-/Ablauf (Seite Ionentauscherflüssigkeit)

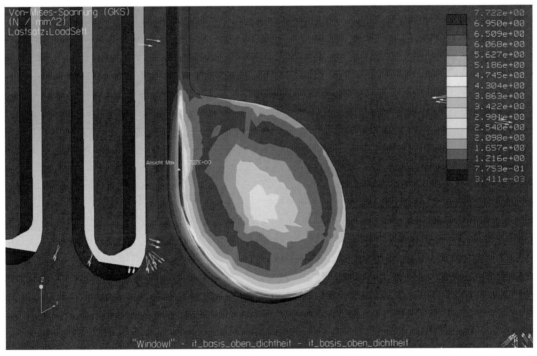

Abbildung 150: max. Spannungen Ionentauscherbasis, rechter Zu-/Ablauf (Seite Ionentauscherflüssigkeit)

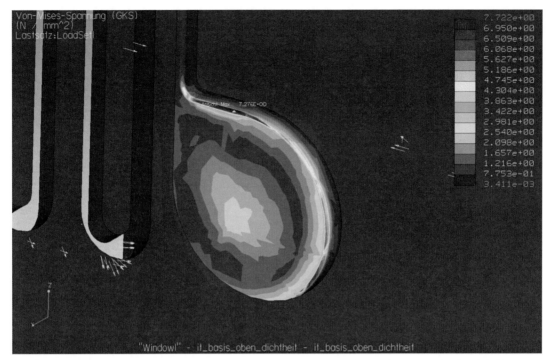

Abbildung 151: max. Spannungen Ionentauscherbasis, rechter Zu-/Ablauf (Seite Ionentauscherflüssigkeit)

Anhand der durchgeführten Simulation konnte gezeigt werden, dass das Bauteil die auftretenden Spannungen problemlos erträgt.

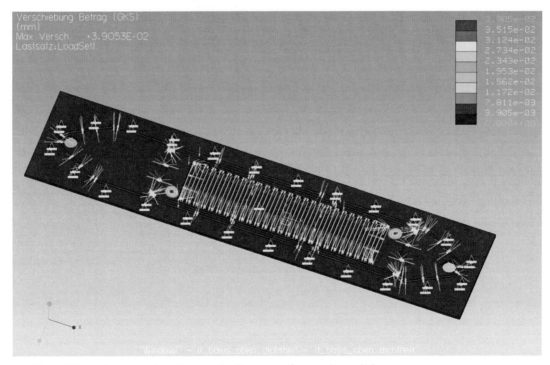

Abbildung 152: Verformungen Ionentauscherbasis gesamt (Suspensionsseite)

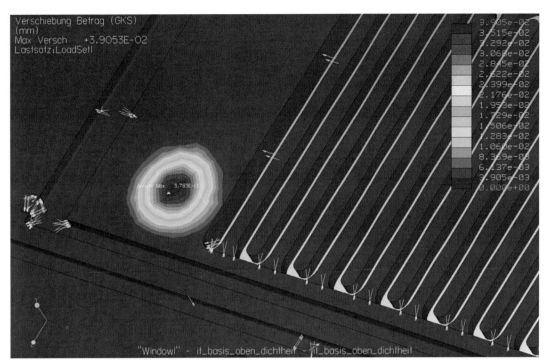

Abbildung 153: max. Verformungen Ionentauscherbasis, linker Zu-/Ablauf (Suspensionsseite)

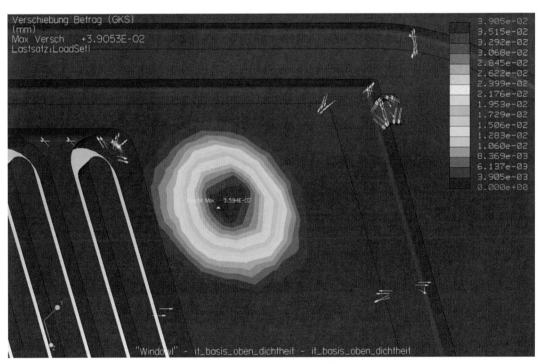

Abbildung 154: max. Verformungen Ionentauscherbasis, rechter Zu-/Ablauf (Suspensionsseite)

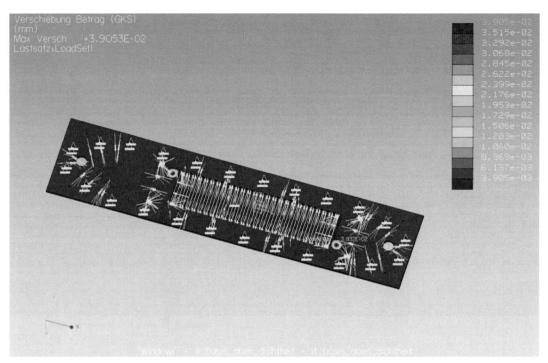

Abbildung 155: Verformungen Ionentauscherbasis gesamt (Seite Ionentauscherflüssigkeit)

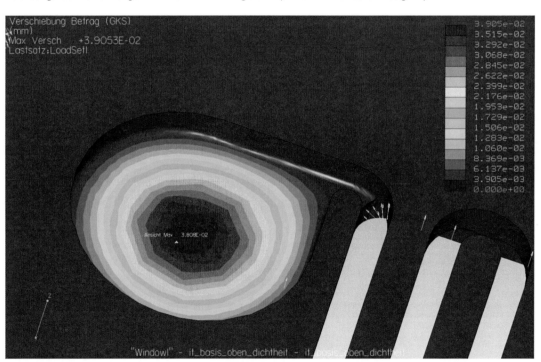

Abbildung 156: max. Verformungen Ionentauscherbasis, linker Zu-/Ablauf (Seite Ionentauscherflüssigkeit)

Abbildung 157: max. Verformungen Ionentauscherbasis, rechter Zu-/Ablauf (Seite Ionentauscherflüssigkeit)

Betrachtet man die auftretenden Verformungen, so ist keine Undichtheit des Moduls zu erwarten. Interessant erscheint die Tatsache, dass die maximalen Verformungen im Bereich des Zu- und Ablaufes der Ionentauscherflüssigkeit auftreten. Dies unterstreicht die Realitätsnähe der durchgeführten Simulation.

11. Elektrolyse am Membranmodul

Für alle Modulvarianten ist die Entstehung von Elektrolyseprodukten zu überwachen, diese sind zu neutralisieren. Alle Modulvarianten wurden dahingehend optimiert, dass ein maximaler Austrag der Elektrolyseprodukte mit dem Suspensionsstrom und dem Filtratstrom möglich ist.

Für das Auftreten von Elektrolyse muss ein Gleichstrom zwischen einer Kathode und einer Anode über ein Elektrolyt fließen. Dann wandern die Ionen des Elektrolyts zur jeweils entgegengesetzt geladenen Elektrode. Dort werden die Ionen neutralisiert, so dass sich die elementaren Formen der Verbindungen bilden. [1]

Als Suspension und Filtrat ist vereinfachend Wasser anzunehmen. Es soll ein Gleichstrom zwischen den Kondensatorplatten des Moduls über Suspension, Filtrationsmembran und Filtrat fließen. Findet Elektrolyse statt, dann bildet sich an der Anode Sauerstoff und an der Kathode Wasserstoff [1]. Nach Abbildung 2 entstehen demzufolge im Filtratraum Wasserstoff und im Suspensionsraum Sauerstoff getrennt voneinander.

Auf der Suspensionsseite kann von einem vollständigen Gasaustrag mit dem Suspensionsstrom ausgegangen werden. Toträume für die Gasspeicherung liegen in keiner Modulvariante vor.

Auf der Filtratseite wird ein Teil des Gases mit dem Filtratstrom ausgetragen, der andere steigt in die Räume zwischen den Balken der Stützstruktur unter der Filtrationsmembran auf. Ein Gasdurchtritt vom Filtratraum durch die Filtrationsmembran in den Suspensionsraum ist sehr unwahrscheinlich (Sperreffekt), auch wenn das genaue Durchtrittsvermögen von Gasen durch die Filtrationsmembran und gegebenenfalls die Deckschicht nicht bekannt ist. Sollte dennoch Wasserstoff aus dem Filtratraum in den Suspensionsraum gelangen, so ist das Eintreten einer Knallgasreaktion unwahrscheinlich. Zum Einen, weil das Verhältnis von Sauerstoff zu Wasserstoff mindestens 5 : 1 betragen müsste [1], also sehr große Mengen Wasserstoff durch die Filtrationsmembran treten müssten, was zuvor ausgeschlossen wurde. Zum Anderen müsste das Knallgas gezündet, also eine entsprechende Aktivierungsenergie für den Start der Reaktion aufgebracht werden. Denkbar ist, dass die Kupferelektroden als Katalysator wirken und die Aktivierungsenergie herabsetzen. Aber auch dann sind die Temperaturen am Modul so niedrig, dass kein Beginn der Knallgasreaktion erwartet wird. Die notwendigen, hohen Temperaturen würden zu einem Versagen der Bauteile aus Plexiglas führen.

Filtrationsmembran und Deckschicht verhindern einen Gasdurchtritt. Ein Aufwölben der Filtrationsmembran durch Gas im Filtratraum wurde durch die konstruktive Gestaltung minimiert. Sauerstoff und Wasserstoff bleiben getrennt voneinander, sind aus dem Modul abzuführen und zu neutralisieren. Es sollte von der Abfuhr mit dem Suspensionsstrom und Filtratstrom ausgegangen werden. Zusätzliche Vorrichtungen waren nicht vorzusehen. Exemplarisch wird nachfolgend die Bildungsrate für Wasserstoff und Sauerstoff berechnet, um das abzuführende Volumen der beiden Gase abschätzen zu können.

Bei gleicher elektrischer Feldstärke für alle drei Modulvarianten ist am Membranmodul mit innen liegenden Kondensatorplatten der maximale Stromfluss zwischen den Kondensatorplatten und demzufolge die höchste elektrolytische Zersetzungsrate zu erwarten. Die nachfolgenden Berechnungen beziehen sich deshalb auf diese Modulvariante.

Die maximal eingestellte elektrische Feldstärke betrug in früheren Untersuchungen 30.000 V/m [4]. In der Modulvariante mit innen liegenden Kondensatorplatten beträgt der Plattenabstand 15 mm. Dieser Abstand ergibt sich aus der Dicke des Grundkörpers von 12 mm und der Verwendung des Spacers von 3 mm Höhe. Nach Gleichung (23) ergibt sich für das Erreichen dieser Feldstärke dann eine notwendige Spannung von 450 V.

Wenn die Kondensatorplatten elektrisch leitend miteinander verbunden sind, dann geschieht dies ausschließlich über die Suspension und das Filtrat. Vereinfachend können diese Flüssigkeiten als ohmscher Widerstand aufgefasst werden [4]. Stellt man Gleichung (10) nach der Stromstärke I um, dann ergibt sich:

$$I = \frac{A}{l\rho}U \qquad\qquad (10)$$

Das Filtrat tritt durch die Filtrationsmembran und die Stützstruktur aus Polyethylen und fließt zwischen den unter dieser Stützstruktur liegenden Balken in den Filtratraum. Für eine maximale Stromstärke und dadurch für die größte Menge elektrolytischer Zersetzungsprodukte ist die größte stromleitende Querschnittsfläche A gesucht. Dies entspricht der effektiven Filterfläche von 0,018 m^2.

Die stromleitende Länge I entspricht dem Plattenabstand, also 15 mm. Die Spannung zwischen den Kondensatorplatten wurde zuvor zu 450 V berechnet. Der spezifische elektrische Widerstand ρ muss für einen maximalen Stromfluss möglichst niedrig gewählt werden. Für eine 10%-ige Kochsalzlösung liegt dieser bei 0,079 Ωm. Die Ionen des Natriumchlorid sind dabei in der elektrochemischen Spannungsreihe weiter vom Spannungsnullpunkt entfernt als Wasserstoff und Sauerstoff, so dass nicht Natrium und Chlor sondern tatsächlich Wasserstoff und Sauerstoff entstehen [1].

Es ergibt sich ein Strom von 6,835 x 10^3 A.

Unter Anwendung des *Faraday'schen Gesetzes* wird in [1] für die Bildung von einem Gramm Wasserstoff (rund 11,2 Liter unter Normbedingungen) in einer bestimmten Zeit ein Stromfluss von 96485 As angegeben. Das heißt, wenn ein Strom von 96485 A fließt, dauert es eine Sekunde, bis ein Gramm Wasserstoff gebildet wird. Der Zusammenhang zwischen dem Strom I und der über die Zeit gebildeten Menge an Wasserstoff ist dabei linear. Die Elektrolyse soll ideal verlaufen, das heißt vollständig und verlustfrei.

Die Division von 96485 As mit 6835 A liefert eine Zeit von 14,12 Sekunden für die Bildung von einem Gramm Wasserstoff unter Verwendung von 10%-iger Kochsalzlösung.

Für andere spezifische elektrische Widerstände reduziert sich der Stromfluss entsprechend. Es ändert sich nur der spezifische elektrische Widerstand ρ.

Medium	ρ [Ωm]	1 Gramm Wasserstoff gebildet in:
Kochsalzlösung (10%)	0,079	14,12 s
Seewasser	0,3	53,62 s
Flusswasser	10 bis 100	29,79 min bis 297,89 min
Wasser, destilliert	(1 bis 4)· 10^4	496,48 h bis 1985,94 h

Abbildung 158: Dauer für die Bildung von einem Gramm Wasserstoff durch Elektrolyse

Die Verwendung von 10%-iger Kochsalzlösung wird nicht beabsichtigt, auch bedingt durch die Ergebnisse der späteren Berechnung des Leistungsbedarfes.

Vor der Inbetriebnahme des Moduls ist insbesondere immer die gebildete Wasserstoffmenge wegen der Explosionsgefahr abzuschätzen. Entsprechende Sicherheitsvorkehrungen für den Betrieb sind zu treffen. Die Bildung von Wasserstoff und Sauerstoff aus Wasser durch Elektrolyse steht im Verhältnis zwei zu eins. Die Zersetzungsspannung für Wasser liegt in jedem Fall unter 2 V [1] und kann deswegen in der Gesamtbetrachtung vernachlässigt werden.

12. Leistungsbedarf des Moduls

Die an dieser Stelle durchgeführten Berechnungen können nur eine Näherung für den realen Betrieb des Moduls liefern. Das genau Betriebsverhalten muss durch Messungen am Modul bestimmt werden.

Für die Berechnung der benötigten elektrischen Leistung des Moduls sind der Ladevorgang der Kondensatorplatten und das Verhalten des Moduls im Betrieb zu betrachten.

Für den Ladevorgang ist die durch den Kondensator aufnehmbare Ladungsmenge, also die Kapazität des Kondensators, entscheidend. Die beiden Kondensatorplatten seien hierfür vollständig voneinander elektrisch isoliert. Verlust an Ladungsträgern von den Platten soll nicht auftreten.

Die Ausdehnung der Kondensatorplatten ist gegenüber dem Plattenabstand groß, so dass Gleichung (22) gilt. Kerben in den Kondensatorplatten werden für die nachfolgenden Rechnungen nicht berücksichtigt.

In Gleichung (22) gilt für alle Modulvarianten die selbe Dielektrizitätskonstante.

Die Plattenfläche ist in den Modulvarianten mit innen liegenden Platten und mit außen liegenden Platten gleich groß. Für die Modulvariante mit Ionentauschermembranen ist sie aufgrund der zusätzlichen Löcher für den Durchtritt der Ionentauscherflüssigkeit etwas kleiner. Für die Berechnung der maximal möglichen Kapazität wird die größere Plattenfläche verwendet. Diese beträgt 132607 mm^2.

Für die größtmögliche Kapazität muss der Plattenabstand möglichst klein sein. Dieser liegt am Modul mit innen liegenden Platten vor. Die Summe der Höhe des Grundkörpers von 12 mm und des Spacers von 3 mm liefert einen minimalen Plattenabstand von 15 mm. Stromfluss zwischen den Kondensatorplatten wird an dieser Stelle nicht berücksichtigt, weil nur das Aufladen der Kondensatorplatten betrachtet werden soll.

Problematisch ist die Wahl einer passenden Dielektrizitätszahl für das Modul. Der Raum zwischen den Kondensatorplatten ist zu komplex gestaltet, um mit vereinfachten Ansätzen eine genaue Dielektrizitätszahl berechnen zu können. Diese muss durch Messungen am Modul bestimmt werden. Für die Berechnungen an dieser Stelle wird zunächst von nur einem Material zwischen den Platten ausgegangen. Die Dielektrizitätszahlen verschiedener Materialien sind nachfolgend zusammengefasst [1].

Material	Dielektrizitätszahl
Plexiglas	3,5
Luft	1
reines Wasser	81

Abbildung 159: Dielektrizitätszahlen [1]

Damit ergeben sich die folgenden Kapazitäten für die Modulvariante mit innen liegenden Platten bei Annahme von nur einem Material zwischen den Kondensatorplatten.

Material	Kapazität [F]
Plexiglas	$2,74 \times 10^{-10}$
Luft	$7,83 \times 10^{-11}$
reines Wasser	$6,34 \times 10^{-9}$

Abbildung 160: Kapazitäten am Modul mit innen liegenden Kondensatorplatten

Für Plexiglas und Wasser ergeben sich demnach die höchsten Kapazitäten. Der Raum zwischen den Kondensatorplatten besteht überwiegend aus Plexiglas mit einem gewissen Hohlraumanteil. Die größtmögliche Kapazität ergibt sich, wenn dieser Hohlraum am Modul mit innen liegenden Platten vollständig mit Wasser gefüllt ist. Der Hohlraumanteil beträgt 14,01 %. Wichtet man mit Hilfe dieser prozentualen Angabe die Kapazitäten für Plexiglas und Wasser so erhält man eine „Mischkapazität" von $1,12 \times 10^{-9}$ F. Diese stellt eine bessere Näherung als die zuvor berechneten Werte dar und wird deswegen für die nachfolgenden Rechnungen verwendet. In anderen Modulvarianten vergrößert sich der Plattenabstand im Verhältnis zum Hohlraumanteil stärker, so dass sich für diese Modulvarianten niedrigere Kapazitäten ergeben. Die Kapazität kann für den Temperaturbereich und die Drücke, bei denen das Modul betrieben wird, als konstant angenommen werden.

Anhand der maximalen Spannung von 450 V ergibt sich dann nach Gleichung (20) für die durch den Kondensator maximal aufnehmbare Ladungsmenge ein Wert von $5,04 \times 10^{-7}$ C. In Abhängigkeit davon, in welcher Zeit diese Ladungsmenge auf die Kondensatorplatten aufgebracht wird, ergibt sich der zugehörige elektrische Strom.

Zeit [s]	Strom [A]
0,1	$5,04 \times 10^{-6}$
0,5	$1,008 \times 10^{-6}$
1,0	$5,04 \times 10^{-7}$

Abbildung 161: Ladeströme der Kondensatorplatten

Je kürzer die Aufladezeit gewählt wird, umso höher ist der notwendige Strom. Verwendet man den Wert von $5,04 \times 10^{-6}$ A, dann ergibt sich nach Gleichung (26) unter Verwendung der Spannung von 450 V für den während des Aufladens fließenden Gleichstrom ein Leistungsbedarf von $2,268 \times 10^{-3}$ W.

Der größtmögliche Leistungsbedarf für das Laden des Plattenkondensators wurde bestimmt. Nach dem Aufladen werden sich die Kondensatorplatten mit der Zeit selbstständig wieder entladen. Hierfür ist keine Zeitkonstante bekannt. Diese muss am realen Modul mit Hilfe von Messungen bestimmt werden. Es wird empfohlen, die Kondensatorplatten am Versuchsende gezielt zu entladen.

Für die Bestimmung des Leistungsbedarfes am Modul ist nicht allein das Laden und das selbstständige Entladen der Kondensatorplatten ausschlaggebend. Tritt Stromfluss zwischen den Platten auf, dann tritt ein wesentlich höherer, zusätzlicher Leistungsbedarf auf. Es ist dabei von einem Betrieb des Moduls im Gleichstrom, also ohne elektrisches Wechselfeld auszugehen.

Der für die Elektrolyse berechnete elektrische Stromfluss kann direkt für die Berechnung des maximalen Leistungsbedarfes des Moduls verwendet werden. Dieser tritt am Modul mit innen liegenden Kondensatorplatten unter Gleichstrombetrieb auf.

Unter Verwendung 10%-iger Kochsalzlösung wurde ein Stromfluss von $6,835 \times 10^{3}$ A berechnet. Anhand dieses Wertes und der nachfolgenden Berechnung des Leistungsbedarfes sieht man, dass dieses Elektrolyt nicht verwendet werden kann. Gemeinsam mit den günstigeren Ergebnissen für andere Elektrolyte kann so aber gezeigt werden, welche Untersuchungen sinnvoll erscheinen und welche nicht.

In der umgestellten Gleichung (10) sind die Querschnittsfläche des elektrischen Leiters A, die Länge des elektrischen Leiters l sowie die Spannung U konstant und haben die zuvor genannten Werte. Mit steigendem spezifischen elektrischen Widerstand ρ wird der Stromfluss I abnehmen.

$$I = \frac{A}{l\rho}U \qquad\qquad\qquad\qquad\qquad\qquad\qquad (10)$$

Die benötigte elektrische Leistung P kann dann mit Hilfe der Gleichung (26) berechnet werden.

Medium	ρ [Ωm]	I [A]	P [W]
Kochsalzlösung (10%)	0,079	6835,44	$30759,48 \times 10^2$
Seewasser	0,3	1800,00	$8100,00 \times 10^2$
Flusswasser	10 bis 100	54,00 bis 5,40	24300 bis 2430
Wasser, destilliert	(1 bis 4)$\cdot 10^4$	0,054 bis 0,0135	24,3 bis 6,075

Abbildung 162: Leistungsbedarf bei Stromfluss zwischen den Kondensatorplatten

Der Leistungsbedarf ist also bei Stromfluss zwischen den Kondensatorplatten deutlich höher als für das Laden der Platten und demzufolge maßgebend für die Auswahl einer geeigneten Strom- und Spannungsquelle. Es zeigt sich, dass der Leistungsbedarf maßgeblich vom spezifischen elektrischen Widerstand der Suspension und des Filtrats bestimmt wird. Die genauen Werte der notwendigen Leistung sind durch Messungen am jeweiligen Modul zu ermitteln.

Die berechneten elektrischen Spannungen und Ströme sind überwiegend als für den Menschen lebensgefährlich einzustufen. Die Modulvarianten wurden, wie bereits dargestellt, sicherheitstechnisch optimiert. Für einen sicheren Betrieb sind im Umfeld des Moduls weitere Maßnahmen notwendig, so auch seitens des elektrischen Betriebes. Diese Maßnahmen sollen nicht Bestandteil der vorliegenden Arbeit sein.

13. Durchschlagen des Moduls

In der Modulvariante mit innen liegenden Platten ist am ehesten ein Durchschlagen des Plattenkondensators zu erwarten, weil in dieser Variante der geringste Plattenabstand vorliegt. Die maximal eingestellte elektrische Feldstärke betrug in früheren Untersuchungen 30.000 V/m [4]. Dies entspricht 0,3 kV/cm.

Vergleicht man diese anliegende Feldstärke mit den zulässigen Werten, dann sind Aussagen zur Durchschlagfestigkeit des Moduls möglich.

Isolierstoff	E [kV/cm]
Luft	20
Plexiglas	300 bis 400

Abbildung 163: Durchschlagfestigkeit einiger Isolierstoffe (zusammengefasst)

Die in früheren Untersuchungen eingestellte höchste elektrische Feldstärke ist in Zusammenhang mit der vorliegenden Arbeit als angestrebtes Maximum zu werten. Der Vergleich der eingestellten und zulässigen Werte zeigt, dass kein Durchschlagen der entworfenen Modulvarianten zu erwarten ist.

14. Zusammenfassung

In Anlehnung an die physikalischen Grundlagen des elektrischen Feldes und der Querstromfiltration wurde der Prototyp eines Membranmoduls für die Querstromfiltration mit überlagertem elektrischen Feld entworfen. Der Entwurf wurde bis zu dem vollständigen Satz an Werkstattzeichnungen geführt. Diese befinden sich in den Anlagen zu dieser Arbeit.

Es ergaben sich drei Modulvarianten, um bisherige Untersuchungen validieren zu können und diese durch weitere Versuche zu ergänzen. Alle Modulvarianten wurden materialseitig optimiert. Der Abstand der Kondensatorplatten wurde dabei minimiert und die Möglichkeiten der Werkstoffe voll ausgeschöpft. Sicherheitsaspekte wurden berücksichtigt. Die Anzahl der herzustellenden Bauteile wurde minimiert. Alle Bauteile wurden fertigungs- und anwendungstechnisch so einfach wie möglich gestaltet.

Erst nach der Durchführung von Experimenten mit den unterschiedlichen Modulvarianten sind weitere Optimierungen möglich. Es ist auf die sachgemäße Verwendung der Bauteile sowie die Einhaltung des Arbeitsschutzes zu achten.

15. Anlagen

15.1. Übersicht aller Anlagen

Bezeichnung der Anlage	Ort der Anlage
Produktdatenblätter Plexiglas	CD
Produktdatenblätter Kupfer	CD
MathCAD-Sheet mechanische Auslegungen	CD, Kapitel 15.2. dieser Arbeit
3D-Modelle aller Moduleinzelteile	CD
3D-Modelle aller Module im zusammengebauten Zustand	CD
vollständiger Satz Einzelteilzeichnungen	CD, Plots / vier eingereichte Ringordner
vollständiger Satz Zusammenbauzeichnungen mit Stücklisten	CD, Plots / vier eingereichte Ringordner

Abbildung 164: Übersicht der Anlagen zur vorliegenden Arbeit

15.2. MathCAD-Sheet zur Auslegung des Grundkörpers

Auslegung des Membranmoduls nach Ansätzen der technischen Mechanik

Konkrete Werkstoffkennwerte sind in der Werkstatt nicht verfügbar. Diese müssen anhand der Werkstoffbezeichnung recherchiert werden.

Festigkeitskennwerte PMMA

Zugfestigkeit PMMA nach [13]: 70 bis 76 N/mm ^{2}, entspricht Zeitbruchlinie in [16]

Zugfestigkeit nach [16, 24]*: $\sigma\_zug\_zul\_pmma := 10.5 \dfrac{N}{mm^2}$

* Zeitstandverhalten nach DIN 53444 berücksichtigt, Belastungsdauer
  von 5 Jahren und maximal Erreichen der 0.5%-Zeit-Spannungs-Linie,
  Wert für Zugfestigkeit ist zulässiger Ansatz für Druckfestigkeit lt. Hersteller

Biegefestigkeit nach [15, 16, 24]: $\sigma\_bieg\_zul\_pmma := 69 \dfrac{N}{mm^2}$

E-Modul nach [15, 16, 24]: $E\_pmma := 1800 \dfrac{N}{mm^2}$

Querkontraktionszahl nach [1, 14, 24] (0.3 bis 0.5): $\nu\_pmma := 0.4$

Schubmodul: $G\_pmma := 1700 \dfrac{N}{mm^2}$

Quelle Schubmodul: [1]

Scherfestigkeit nach [22]: $\tau\_zul\_pmma := 31.03 \dfrac{N}{mm^2}$

Die Scherfestigkerit kann alternativ nach [23] zu rund (0.5 ... 0.77) * $\sigma\_zug\_zul\_pmma$ berechnet werden. 0.5 steht dabei für das Ergebnis nach der Normalspannungshypothese, 0.77 für das der Hypothese der größten Normaldehnung. Beide Ergebnisse gelten nur für Beanspruchungen innerhalb des linear-viskoelastischen Bereiches.

thermischer Längenausdehnungskoeffizient nach [15, 16, 24]: $\alpha\_pmma := 11 \cdot 10^{-5} \cdot \dfrac{1}{K}$

in Werkstatt TU Kaiserslautern lt. Werkstoffbuch verfügbar:

PMMA GS (Plexiglas-Tafeln): 1 bis 30 mm

dieses Maß möglichst nicht überschreiten

Vor der Fertigung des Moduls sind die angesetzten Werkstoffkennwerte mit den tatsächlich verwendeten der Werkstatt abzugleichen. Es wird mit den ungünstigsten Stoffwerten gerechnet Die zuverlässigste Quelle wird verwendet. Die Auslegung erfolgt nach bestem Gewissen.

Festigkeitskennwerte Kupfer

Zugfestigkeit Kupfer-Gusslegierungen nach [13]:

G-CuZn15: minimaler Wert, meerwasserbeständig, Flansche

Zugfestigkeit (G-CuZn15)nach [13]: $\quad \sigma\_zug\_zul\_cu := 170 \dfrac{N}{mm^2}$

Biegefestigkeit (G-CuZn15)nach [13]: $\quad \sigma\_bieg\_zul\_cu := 110 \dfrac{N}{mm^2}$

E-Modul (CuZn39Pb2F51)nach [17]: $\quad E\_cu := 102000 \dfrac{N}{mm^2}$

Querkontraktionszahl (gewalzt, CuZn, Messing) nach [1] (0.358 bis 0.378): $\quad v\_cu := 0.368$

Schubmodul nach [19]: $\quad G\_cu := 46000 \dfrac{N}{mm^2}$

Scherfestigkeit (CuZn39Pb1Al-C) nach [20, 21]: $\quad \tau\_zul\_cu := 140 \dfrac{N}{mm^2}$

thermischer Längenausdehnungskoeffizient (CuZn39Pb2F51)nach [17]:

$$\alpha\_cu := 20.0 \cdot 10^{-6} \cdot \dfrac{1}{K}$$

[thermischer Längenausdehnungkoeffizient von Stahl (z.B. Schrauben):
Stahl legiert: 16,1x10 ^ -6   Stahl unlegiert 11,9x10^-6]

in Werkstatt TU Kaiserslautern lt. Werkstoffbuch verfügbar:

CuZn37F45 (Messingblech): 0.5 bis 2 mm
CuZn39Pb2F51 (Messingblech): 3 bis 20 mm
CuSn6F56 hart (Zinnbronzeblech): 0,1 bis 1 mm
SfCuF25 (Kupfer-Blech), weichgeglüht, sauerstofffrei

es muss möglichst reines Kupfer verwendet werden

Vor der Fertigung des Moduls sind die angesetzten Werkstoffkennwerte mit den
tatsächlich verwendeten der Werkstatt abzugleichen. Es wird mit den
ungünstigsten Stoffwerten gerechnet. Die zuverlässigste Quelle wird verwendet. Die
Auslegung erfolgt nach bestem Gewissen.

Effektive Filterfläche

Breite der effektiven Filterfläche ist vorgegeben zu:

$b := 50mm$

notwendige Länge der effektiven Filterfläche:

Ansatz:

Ein Partikel tritt direkt über der Membran in das Modul ein. Idealerweise bewegt es sich von
diesem Ort bis an die Kondensatorplatte. Dazu muss die Höhe des Kanals überwunden
werden. Die dafür benötigte Zeit kann aus der Wanderungsgeschwindigkeit eines geladenen
Partikels im elektrischen Feld berechnet werden. In der selben Zeit bewegt sich das Partikel
näherungsweise mit der Strömungsgeschwindigkeit der Suspension eine bestimmte Strecke
längs zur Membran. Diese Strecke ist die benötigte Länge der effektiven Filterfläche.

$\varepsilon\_0 := 8.85418782 \cdot 10^{-12} \dfrac{A \cdot s}{V \cdot m}$ Dielektrizitätskonstante

$\varepsilon\_r := 81$ Dielektrizitätszahl von reinem Wasser

$\zeta := -20mV$ Zeta – Potential

$\eta := 1006 \times 10^{-6} Pa \cdot s$ dynamische Viskosität von Wasser bei 20 °C RT
(dynamische Viskosität von Wasser nimmt mit steigender
Temperatur ab)

$$\mu\_ep := \frac{(\varepsilon\_0 \cdot \varepsilon\_r \cdot \zeta)}{\eta}$$

$$\mu\_ep = -1.426 \times 10^{-8} \frac{s^2 A}{kg}$$

$$E := 30000 \frac{V}{m}$$

maximale elektrische Feldstärke älterer Untersuchungen (minimale elektrische Feldstärke: 500 V/m, AICHE-Journal, 1977; maximale elektrische Feldstärke: 30.000 V/m, Diss. Altmann)

$$v\_ep := E \cdot \mu\_ep$$

geradlinig gleichförmige Bewegung, analog zu stationärem Sinken bei der Sedimentation im Schwerefeld, Beschleunigungsphase zu Beginn ist vernachlässigenbar

$$x := 0.1 \cdot 10^{-6} m$$

mittlere Partikelgröße

$$\pi := 3.141592654$$

$$F\_ep := 3 \cdot \pi \cdot \eta \cdot x \cdot E \cdot \mu\_ep$$

Ansatz für Beschleunigungsvorgang zu Beginn der Bewegung: aus Kraft und Masse des Partikels Beschleunigung abschätzen

$$F\_ep = -405.560945593496 \times 10^{-15} N$$

$$v\_ep = -4.277 \times 10^{-4} \frac{m}{s}$$

maximale Wanderungsgeschwindigkeit des Partikels zur Platte

$$v\_ep := -1 \cdot v\_ep$$

$$h := 3 mm$$

minimale Kanalhöhe (Bauform: Kontakt Suspension - Platte, Plattenabstand klein gegenüber Plattenfläche)

$$t := \frac{h}{v\_ep}$$

Zeit bis zum Erreichen der Platte

$$t = 7.013 s$$

$c := 2 \dfrac{m}{s}$ minimale Überströmgeschwindigkeit

$l := c \cdot t$

$l = 14.027m$ erforderliche Länge der effektiven Filterfläche

$l := 360mm$ **festgesetzte Länge der effektiven Filterfläche**

$A := b \cdot l$ **effektive Filterfläche** (Oberfläche der PE-Stützstruktur)

$A = 0.018m^2$

Auslegung des Modul-Grundkörpers (PMMA)

Berechnung der Balkenanzahl

$t := 40mm$ **Tiefe des Balkens** (5 cm Breite der effektiven Filterfläche bzw. der PE-Stützstruktur abzgl. 2 x 5 mm umlaufende Kante als zusätzliche Stütze für PE-Stützstruktur)

$A = 0.018m^2$ effektive Filterfläche

$A\_2 := A - [(2 \cdot l \cdot 5mm) + (2 \cdot t \cdot 5mm)]$ Fläche der PE-Stützstruktur minus Fläche umlaufender Rand

$A\_2 = 0.014m^2$

$b := 6mm$ **Breite des Balkens**

$h := 6mm$ **Höhe des Balkens**

$A\_3 := b \cdot t$ Oberfläche eines Balkens

$A\_3 = 2.4 \times 10^{-4} m^2$

$ba := 2mm$ **Balkenabstand**, maximal: 3 mm, Bohrerdurchmesser: u.a. 2.0 mm

$A\_4 := ba \cdot t$

Fläche zwischen den Balken, vereinfacht ohne Radien im Übergang von Balken zu Wandung

$A\_4 = 8 \times 10^{-5} \, m^2$

$n := \dfrac{A\_2}{(A\_3 + A\_4)}$

notwendige Balkenzahl

$n = 43.75$

Überschlagswert für notwendige Balkenzahl

$n := 43$

festgesetzter Wert für Balkenzahl (immer nächst kleinerer Wert !

$A\_5 := [[n \cdot (A\_3 + A\_4)] + A\_4]$

Fläche t mal (5 mm Rand, nicht) - Lücke - Balken - Lücke - ... - Lücke - Balken - Lücke - (5 mm Rand, nicht)

$A\_5 = 0.01384 \, m^2$

benötigte Fläche; A_5 muss kleiner als A_2 sein !!!

$A\_2 = 0.014 \, m^2$

für A_5 zur Verfügung stehende Fläche

$A\_6 := A\_2 - A\_5$

Wert um den A_5 kleiner als A_2 ist; A_2 > A_5 !

$A\_6 = 1.6 \times 10^{-4} \, m^2$

wenn A_5 < A_2, dann hier positiver Wert; A_6 ist der Wert, um den A_5 kleiner als A_2 ist

$ba\_3 := \left[\dfrac{\left(\dfrac{A\_6}{2} \right)}{t} \right]$

um diesen Wert wäre die Lücke zwischen letztem bzw. erstem Balken und Rand an kurzen Seiten größer als ba

$ba\_3 = 2 \, mm$

$ba\_3 := ba\_3 + 5 mm$

5 mm ist das angesetzte Maß für die umlaufende Kante, speziell auch an den kurzen Seiten der PE-Stützstruktur, s.o.

$ba\_3 = 7 \, mm$

korrigiertes Maß für die umlaufende Kante an den kurzen Seiten der PE-Stützstruktur; wenn 5 mm beibehalten werden, dann ist der Abstand des ersten und letzten Balkens zur Kante der kurzen Seite größer als der maximale Balkenabstand

Prüfen / Optimieren der Balkenabmaße

$p\_1 := 3 \cdot 10^5 \, Pa$ maximaler Druck auf Suspensionsseite

$p\_2 := 0 \, Pa$ minimaler Druck auf Filtratseite

$\Delta p := p\_1 - p\_2$ **auf effektive Filterfläche wirkender Druck**
(Überdruck Suspension)

Es wird angesetzt, dass Δp über die Membran gleichmäßig auf die PE-Stützstruktur und über diese ebenso gleichmäßig auf alle Balken gemeinsam drückt. Die PE-Stützstruktur wird von den Balken und einem umlaufenden Rand von 5 mm Breite an den Längsseiten und einer im vorherigen Abschnitt berechneten Breite an den kurzen Seiten der effektiven Filterfläche getragen. Dieser umlaufende Rand trägt zwar auch die Stützstruktur, wird in der Auslegung der Balken aber nicht als lastmindernd berücksichtigt, weil es am Rand der Stützstruktur zu einem Hochbiegen der selbigen kommen kann. Dieses Hochbiegen ist konstruktiv vermeidbar, kann aber in der Kräftebilanz für die Auslegung der Balken nicht berücksichtigt werden. Der durch den Rand aufgenommene Kraftanteil wird für Auslegungsfragen mit durch die Balken aufgenommen.

$\Delta p = 3 \times 10^5 \, Pa$

$F := \Delta p \cdot A$ der Druck auf die PE-Stützstruktur wird in eine Kraft umgerechnet, die selbe Kraft ist durch die Balken aufzunehmen

$F = 5.4 \times 10^3 \, N$

$F\_1 := \dfrac{F}{n}$ Berechnung der Kraftwirkung auf einen Balken (Gesamtkraft durch Balkenzahl, Kraft gleichmäßig auf alle Balken verteilt)

$F\_1 = 125.581 \, N$

Biegebeanspruchung

$t := t + 2 \times 5 \cdot mm$ Einbeziehung der Längsseiten des umlaufenden Randes in die Balkenlänge, Begründung: umlaufender Rand kann elastisch verformt/gebogen werden, durch Einbeziehung Rand sind Balkenlänge und dadurch Momenten erhöht, für Auslegung auf sicherer Seite

                         nachfolgende Formeln bis einschl. Lsg. für " f ": nach DUBBEL und Tabellenbuch Metall

$$M\_A := \left| -\left(\frac{1}{12}\right) \cdot F\_1 \cdot t \right| \qquad \text{maximales Biegemoment am Balkenende}$$

$$M\_A = 0.523 \text{N} \cdot \text{m}$$

$$M\_B := \left(\frac{1}{24}\right) \cdot F\_1 \cdot t \qquad \text{Biegemoment in Balkenmitte}$$

$$M\_B = 0.262 \text{N} \cdot \text{m}$$

$$M\_b\_max := M\_A$$

$$W\_b\_min := \left\| \begin{array}{l} \left[\dfrac{\left(b \cdot h^2\right)}{6}\right] & \text{if} \quad (b \geq h) \\[3mm] \left[\dfrac{\left(h \cdot b^2\right)}{6}\right] & \text{if} \quad (b < h) \end{array} \right.$$

Zuordnung Widerstandsmoment gegen Biegung, je nachdem, ob der Balken mehr hoch als breit oder mehr breit als hoch ist

$$\sigma\_b\_max\_balken := \frac{|M\_b\_max|}{W\_b\_min}$$

Berechnung der maximalen Biegespannung am Balken, Lastfall: Balken mit beidseitigem Festlager unter gleichmäßig verteilter, konstanter Flächenlast

$$\sigma\_b\_max\_balken = 14.535 \frac{\text{N}}{\text{mm}^2}$$

$$\sigma\_bieg\_zul\_pmma = 69 \frac{\text{N}}{\text{mm}^2} \qquad \text{vergleiche zulässige Biegespannung mit auftretender}$$

$$S\_bieg\_balken := \frac{\sigma\_bieg\_zul\_pmma}{\sigma\_b\_max\_balken}$$

$$S\_bieg\_balken = 4.747 \qquad \textbf{Sicherheit gegen Versagen durch Biegebeabspruchung}$$

$$I\_y := \left\| \begin{array}{l} \left[\dfrac{\left(b \cdot h^3\right)}{12}\right] & \text{if} \quad (b \geq h) \\[3mm] \left[\dfrac{\left(h \cdot b^3\right)}{12}\right] & \text{if} \quad (b < h) \end{array} \right.$$

Zuordnung Flächenmoment 2. Ordnung je nachdem, ob der Balken mehr hoch als breit oder mehr breit als hoch ist

$$f := \frac{\left(F\_1 \cdot t^3\right)}{384 \cdot E\_pmma \cdot I\_y}$$ **maximale Durchbiegung** , in Balkenmitte

$f = 0.21\,mm$ in grober Näherung ist diese Durchbiegung des Balkens in der Mitte der Wert, um den sich die PE-Stützstruktur an deren Rand ohne konstruktives Festsetzen nach oben biegt

$$\gamma := \frac{f}{0.5 \cdot t}$$ Ansetzen des Scherwinkels aus der maximalen Durchbiegung (Vergleich von Balkenfuß zu Balkenmitte, Vereinfachung)

$\gamma = 8.411 \times 10^{-3}$

$\tau\_bieg := \gamma \cdot G\_pmma$

$\tau\_bieg = 14.299\,\dfrac{N}{mm^2}$

$$S\_scher\_bieg := \frac{\tau\_zul\_pmma}{\tau\_bieg}$$

$S\_scher\_bieg = 2.17$ **Sicherheit gegen Versagen durch Scherung wegen Biegen**

$t := t - 2 \times 5 \cdot mm$ Zurücksetzen der Balkenlänge auf tatsächlichen Wert

Scherbeanspruchung

$b = 6\,mm$ Balkenbreite

$h = 6\,mm$ Balkenhöhe

$A\_7 := h \cdot b$ Scherfläche bei Δp als Kraft senkrecht auf Balken in Balkenfuß konzentriert, A_7 ist kleiner als t*h - also hier höheres τ und Abscheren

$A\_7 = 36\,mm^2$

$F\_1 = 125.581 N$

$\tau\_pmma := \dfrac{F\_1}{A\_7}$ auftretende Scherspannung

$\tau\_pmma = 3.488 \dfrac{N}{mm^2}$

$\tau\_zul\_pmma = 31.03 \dfrac{N}{mm^2}$ zulässige Scherspannung

$S\_scher\_balken := \dfrac{\tau\_zul\_pmma}{\tau\_pmma}$

$S\_scher\_balken = 8.895$ **Sicherheit gegen Versagen durch Abscheren**

Zugbeanspruchung

$h\_2 := 3mm$ **Höhe des Filtratraumes** (unterhalb der Balken, Auslegung Zu-/Ablauf: 20.955 mm + 2x s - Höhe PE-Struktur - Balkenhöhe)

$A\_8 := [\,(l \cdot 3 \cdot mm) + [(l - 2 \cdot ba\_3) \cdot (h + h\_2)]\,] - (n \cdot h \cdot b)$

$A\_8 = 2.646 \times 10^3\, mm^2$

$F\_2 := \Delta p \cdot A\_8$ Suspension schlägt durch Membran und drückt auf Längs-Innenseite des Moduls, maximal mit Δp (vereinfacht

$F\_2 = 793.8 N$

$F\_3 := \dfrac{F\_2}{n}$

$F\_3 = 18.46 N$ NR: Abscheren in Fläche t*b (s. zul Spnng. !):

$A\_9 := A\_8 + 0.5 \cdot (h \cdot b)$ Kraftangriff mittig an Balken

$F\_4 := \dfrac{(\Delta p \cdot A\_9)}{n}$

$F\_4 = 18.586 N$

$A\_10 := t \cdot b$

$A\_10 = 240 mm^2$

$\tau\_2\_pmma := \dfrac{F\_4}{A\_10}$

$\tau\_2\_pmma = 0.077 \dfrac{N}{mm^2}$

$S\_scher\_2\_balken := \dfrac{\tau\_zul\_pmma}{\tau\_2\_pmma}$

$S\_scher\_2\_balken = 400.688$

$A\_11 := t \cdot h$

$A\_11 = 240 mm^2$

$\tau\_3\_pmma := \dfrac{F\_4}{A\_11}$

$\tau\_3\_pmma = 0.077 \dfrac{N}{mm^2}$

$S\_scher\_2\_balken := \dfrac{\tau\_zul\_pmma}{\tau\_3\_pmma}$

$S\_scher\_2\_balken = 400.688$

$$\sigma\_zug\_balken := \frac{F\_3}{A\_7}$$

$$\sigma\_zug\_balken = 0.513 \frac{N}{mm^2}$$

$$S\_zug\_balken := \frac{\sigma\_zug\_zul\_pmma}{\sigma\_zug\_balken}$$

$S\_zug\_balken = 20.476$ **Sicherheit gegen Versagen durch Zugbeanspruchung**

Druckbeanspruchung

Bei Δp = 3 bar wirkt eine Last von rund 30 Gramm auf 1 qmm PMMA. PMMA hält dieser Druckbelastung stand.

Torsionsbeanspruchung

Tritt nicht auf.

Temperatureinfluss auf Balken

$T\_1 := 283.15 K$ minimale Temperatur an Modulaußenseite (10 ° C)

$T\_2 := 328.15 K$ maximale Suspensions- und Filtrattemperatur (55 ° C)

$\Delta T := T\_2 - T\_1$

$\Delta T = 45 K$

Annahme: vollständige, gleichmäßige Durchwärmung des Balkens; Balken befindet sich in starrem, sich durch Temperatur nicht ausdehnenden Rahmen (ist Extremfall, dass Balken maximal, gleichmäßig durchwärmt wird, aber der Rest des Moduls auf minimaler Temperatur bleibt und sich deshalb nicht ausdehnt); maximale Dehnung und somit maximale Spannung in Balkenlängsrichtung; als Bezugsspannung für die Berechnung des Sicherheitsbeiwertes wird die Druckfestigkeit herangezogen

Längendehnung:

$$\Delta l := \Delta T \cdot \alpha\_pmma \cdot t \qquad \text{verallgemeinertes HOOK'sches Gesetz}$$

$$\Delta l = 0.198 mm$$

$$\sigma\_therm := \left(\frac{\Delta l}{t} \right) \cdot E\_pmma \qquad \text{verallgemeinertes HOOK'sches Gesetz}$$

$$\sigma\_therm = 8.91 \frac{N}{mm^2}$$

$$S\_längs\_therm := \frac{\sigma\_zug\_zul\_pmma}{\sigma\_therm}$$

$$S\_längs\_therm = 1.178 \qquad \textbf{Sicherheit gegen Versagen durch Druck wegen}$$
Längendehnung des Balkens durch Erwärmung

Berechnung des Zu- und Ablaufes

Ansatz: minimale Wandstärke kann nach der Kesselformel für zylindrische Druckbehälter unter innerem Überdruck berechnet werden.

D_i: Innendurchmesser Zylindermantel
D_a: Außendurchmesser Zylindermantel

$$D\_i := 20.955 mm \qquad \text{Zu- und Ablauf über Halbzoll-Anschlüsse, Maß nach DIN ISO 228-1,}$$
Außendurchmesser des Gewindes, Gewinde = Kerbe !!!

$$s := 12 mm \qquad \text{angesetzte minmale } \textbf{Wandstärke Zu- und Ablauf}$$

$$D\_a := D\_i + (2 \cdot s)$$

$$D\_a = 44.955 mm$$

$$\sigma\_tangential := \frac{(\Delta p \cdot D\_i)}{2 \cdot s} \qquad \text{Berechnung der Tangetialspannung}$$

$$\sigma\_tangential = 0.262 \frac{N}{mm^2}$$

$$S\_tangential := \frac{\sigma\_zug\_zul\_pmma}{\sigma\_tangential}$$

$S\_tangential = 40.086$ **Sicherheit gegen Versagen durch Längsriss**

$$\sigma\_axial := \frac{(\Delta p \cdot D\_i)}{4 \cdot s}$$ Berechnung der Axialspannung

$$\sigma\_axial = 0.131 \frac{N}{mm^2}$$

$$S\_axial := \frac{\sigma\_zug\_zul\_pmma}{\sigma\_axial}$$

$S\_axial = 80.172$ **Sicherheit gegen Versagen durch Umfangsriss**

$$\sigma\_radial\_quer := \frac{-\Delta p}{2}$$ Berechnung der mittleren Radialspannung

$$\sigma\_radial\_quer = -0.15 \frac{N}{mm^2}$$

$$S\_radial\_quer := \frac{\sigma\_zug\_zul\_pmma}{|\sigma\_radial\_quer|}$$

$S\_radial\_quer = 70$ **Sicherheit gegen Versagen durch Platzen**

Schubspannungshypothese:

$$\sigma\_v\_sch := \sigma\_tangential - \sigma\_radial\_quer$$ max. Spannung - min. Spannung (Subtraktion statt Addition wegen negativem Vorzeichen, auch über Betrag i.O.)

$$\sigma\_v\_sch = 0.412\frac{N}{mm^2}$$

Vergleichsspannung nach Schubspannungshypothese

$$S\_v\_sch := \frac{\sigma\_zug\_zul\_pmma}{\sigma\_v\_sch}$$

$$S\_v\_sch = 25.489$$

Sicherheit gegen Versagen nach Schubspannungshypothese

Berücksichtigung nennenswerter Temperaturdifferenz (zyl. Druckbehälter, s.o.)

Vergleichsspannung an der Innenfaser:

$$\sigma\_vi := \left[\frac{[\Delta p \cdot (D\_a + s)]}{23 \cdot s}\right]$$

$$\sigma\_vi = 0.062\frac{N}{mm^2}$$

Vergleichsspannung an der Außenfaser:

$$\sigma\_va := \left[\frac{[\Delta p \cdot (D\_a - 3s)]}{23 \cdot s}\right]$$

$$\sigma\_va = 9.734 \times 10^{-3}\frac{N}{mm^2}$$

$$D\_i = 20.955mm$$

Berechnung Kennzahlen

$$D\_a = 44.955mm$$

$$x := \frac{D\_a}{D\_i}$$

$$x = 2.145$$

$$A := \left[\frac{\left(2 \cdot x^2\right)}{\left(x^2 - 1\right)}\right] - \frac{1}{(\ln(x))}$$

$$A = 1.245$$

$$B := \left[\frac{2}{\left(x^2 - 1\right)}\right] - \frac{1}{(\ln(x))}$$

$$B = -0.755$$

$T\_1 := 283.15 K$ minimale Umgebungstemperatur (10 ° C)

$T\_2 := 328.15 K$ maximale Betriebstemperatur (55 ° C)

Wärmespannung an der Innenfaser:

$$\sigma\_wi := 0.5 \cdot \left(\frac{E\_pmma}{1 - \nu\_pmma}\right) \cdot \alpha\_pmma \cdot (T\_2 - T\_1) \cdot A$$

$$\sigma\_wi = 9.245 \frac{N}{mm^2}$$

Wärmespannung an der Außenfaser:

$$\sigma\_wa := 0.5 \cdot \left(\frac{E\_pmma}{1 - \nu\_pmma}\right) \cdot \alpha\_pmma \cdot (T\_2 - T\_1) \cdot B$$

$$\sigma\_wa = -5.605 \frac{N}{mm^2}$$

Maximalspannung an der Innenfaser:

$$\sigma\_i := \sigma\_wi + \sigma\_vi$$

$$\sigma\_i = 9.307 \frac{N}{mm^2}$$

$$S\_innen := \frac{\sigma\_zug\_zul\_pmma}{\sigma\_i}$$

$S\_innen = 1.128$ **Sicherheit gegen Versagen durch Riss an der Außenfaser (steigt mit abnehmender Wandstärke)**

Maximalspannung an der Außenfaser:

$$\sigma\_a := \sigma\_wa + \sigma\_va$$

$$\sigma\_a = -5.596 \frac{N}{mm^2}$$

$$S\_außen := \frac{\sigma\_zug\_zul\_pmma}{|\sigma\_a|}$$

$S\_außen = 1.876$ **Sicherheit gegen Versagen durch Riss an der Innenfaser (sinkt mit abnehmender Wandstärke)**

s: 5, 10, 20, 30, 50, 100
S_innen: 1,23; 1,148; 1,053; 1; (0,942); (0,882)
S_außen: 1,641; 1,813; 2,116; 2,368; (2,771); (3,46)

Berechnung der Modulaußenwandung

Annahme: Durchschlagen der Suspension

$$A\_20 := 360mm \cdot (3mm + 6mm + 3mm)$$ Filtratraum längs senkrecht

$$A\_20 = 4.32 \times 10^{-3} m^2$$

$$\Delta p = 3 \times 10^5 Pa$$ Durchschlagen

$$F\_20 := \frac{(\Delta p \cdot A\_20)}{2}$$ Zugkraft kurze Seiten

$F\_20 = 648\,\text{N}$

$A\_21 := (3\text{mm} + 6\text{mm} + 3\text{mm}) \cdot 60\text{mm}$ min. Fläche kurze Seiten (Ablauf)

$A\_21 = 7.2 \times 10^{-4}\,\text{m}^2$

$\sigma\_\text{zug\_kurz} := \dfrac{F\_20}{A\_21}$

$S\_\text{zug\_kurz} := \dfrac{\sigma\_\text{zug\_zul\_pmma}}{\sigma\_\text{zug\_kurz}}$

$S\_\text{zug\_kurz} = 11.667$

$A\_22 := 50\text{mm} \cdot (3\text{mm} + 6\text{mm} + 3\text{mm})$ Filtratraum quer senkrecht

$A\_22 = 6 \times 10^{-4}\,\text{m}^2$

$F\_21 := \dfrac{(\Delta p \cdot A\_22)}{2}$ selber Druck

$F\_21 = 90\,\text{N}$

$d\_20 := 10\text{mm}$ gesetzte Wandstärke Längsseite, Minimum, wird konstruktiv bedingt größer

$A\_23 := d\_20 \cdot (3\text{mm} + 6\text{mm} + 3\text{mm})$ Wandstärke mal Höhe ist Materialfläche

$A\_23 = 1.2 \times 10^{-4}\,\text{m}^2$

$\sigma\_\text{zug\_lang} := \dfrac{F\_21}{A\_23}$

$S\_\text{zug\_lang} := \dfrac{\sigma\_\text{zug\_zul\_pmma}}{\sigma\_\text{zug\_lang}}$

$S\_\text{zug\_lang} = 14$

Berechnung der notwendigen Höhe der Modulbasis

<u>nach DUBBEL: Flächentragwerke: Biege- und Torsionsmomente zzgl. RB: Rechteckplatte</u>

muss:

Plattendicke (Wandstärke) ws klein gegenüber Flächenabmessung, Durchbiegung f klein

Rechteckplatte:

$\text{plattenlaenge} := 740\,\text{mm}$ maximale Suspensionsraumlänge

$\text{plattenbreite} := 100\,\text{mm}$ maximale Suspensionsraumbreite

$a := 0.5 \cdot \text{plattenlaenge}$

$b := 0.5 \cdot \text{plattenbreite}$

$\dfrac{a}{b} = 7.4$ für Auswahl c_1, c_2, c_3, c_5

$c\_1 := 0.30$

$c\_2 := 1.00$

$c\_3 := 0.455$

$c\_5 := 2.00$

$p := \Delta p$

$p = 3 \times 10^5\,\text{Pa}$

$\text{ws} := (3\,\text{mm} + 6\,\text{mm} + 3\,\text{mm})$

$\text{ws} = 12\,\text{mm}$

$E := E\_\text{pmma}$

$\nu := \nu\_\text{pmma}$

$$\text{sigma\_x\_m} := \frac{\left(c\_1 \cdot p \cdot b^2\right)}{ws^2}$$

Spannung, Maximum in Plattenmitte

$$\text{sigma\_y\_m} := \frac{\left(c\_2 \cdot p \cdot b^2\right)}{ws^2}$$

Spannung, Maximum in Plattenmitte

$$f := \frac{\left(c\_3 \cdot p \cdot b^4\right)}{E \cdot ws^3}$$

Durchbiegung, Maximum in Plattenmitte

$$\text{sigma\_y} := \frac{\left(c\_5 \cdot p \cdot b^2\right)}{ws^2}$$

Spannung, Maximum entlang langem Rand

$$\text{sigma\_x} := \nu \cdot \text{sigma\_y}$$

Spannung, Maximum entlang langem Rand

$$f = 0.274 \text{mm}$$

$$\text{sigma\_x\_m} = 1.563 \frac{N}{mm^2}$$

$$\text{S\_sigma\_x\_m} := \frac{\sigma\_bieg\_zul\_pmma}{\text{sigma\_x\_m}}$$

$$\text{S\_sigma\_x\_m} = 44.16$$

$$\text{sigma\_y\_m} = 5.208 \frac{N}{mm^2}$$

$$\text{S\_sigma\_y\_m} := \frac{\sigma\_bieg\_zul\_pmma}{\text{sigma\_y\_m}}$$

$$\text{S\_sigma\_y\_m} = 13.248$$

$$\text{sigma\_x} = 4.167 \frac{N}{mm^2}$$

$$\text{S\_sigma\_x} := \frac{\sigma\_bieg\_zul\_pmma}{\text{sigma\_x}}$$

$$\text{S\_sigma\_x} = 16.56$$

$$\text{sigma\_y} = 10.417 \frac{N}{mm^2}$$

$$\text{S\_sigma\_y} := \frac{\sigma\_bieg\_zul\_pmma}{\text{sigma\_y}}$$

$$\text{S\_sigma\_y} = 6.624$$

Nachrechnen umlaufender Rand

einseitig eingespannter Balken unter Flächenlast

$$b\_x := 40mm$$

$$b\_y := 360mm$$

$$b := b\_x \qquad \text{kleineren Wert verwenden !}$$

$$h := 9mm$$

$$b\_1 := 5mm$$

$$b\_2 := 7mm$$

$$t := b\_2 \qquad \text{größeren Wert verwenden !}$$

$$\Delta p = 3 \times 10^5 \, Pa$$

$$A\_30 := (2 \cdot b\_1 \cdot 360mm) + (2 \cdot b\_2 \cdot 40mm)$$

$$A\_30 = 4.16 \times 10^{-3} \, m^2$$

$$F\_1 := \Delta p \cdot A\_30 \qquad \text{Kraft gleichmäßig auf gesamten Rand verteilt}$$

$$M\_A := \left(\frac{1}{2}\right) \cdot F\_1 \cdot t \qquad \text{maximales Biegemoment am Balkenende}$$

$M\_A = 4.368 N \cdot m$

$M\_b\_max := M\_A$

$$W\_b\_min := \begin{cases} \left[\dfrac{\left(b \cdot h^2\right)}{6}\right] & \text{if} \quad (b \geq h) \\[2em] \left[\dfrac{\left(h \cdot b^2\right)}{6}\right] & \text{if} \quad (b < h) \end{cases}$$

Zuordnung Widerstandsmoment gegen Biegung, je nachdem, ob der Balken mehr hoch als breit oder mehr breit als hoch ist

$$\sigma\_b\_max\_balken := \frac{|M\_b\_max|}{W\_b\_min}$$

Berechnung der maximalen Biegespannung am Balken, Lastfall: Balken mit beidseitigem Festlager unter gleichmäßig verteilter, konstanter Flächenlast

$$\sigma\_b\_max\_balken = 8.089 \frac{N}{mm^2}$$

$$\sigma\_bieg\_zul\_pmma = 69 \frac{N}{mm^2}$$

vergleiche zulässige Biegespannung mit auftretender

$$S\_bieg\_rand := \frac{\sigma\_bieg\_zul\_pmma}{\sigma\_b\_max\_balken}$$

$S\_bieg\_rand = 8.53$

Sicherheit gegen Versagen durch Biegebeabspruchung

$$I\_y := \begin{cases} \left[\dfrac{\left(b \cdot h^3\right)}{12}\right] & \text{if} \quad (b \geq h) \\[2em] \left[\dfrac{\left(h \cdot b^3\right)}{12}\right] & \text{if} \quad (b < h) \end{cases}$$

Zuordnung Flächenmoment 2. Ordnung je nachdem, ob der Balken mehr hoch als breit oder mehr breit als hoch ist

$$f := \frac{\left(F\_1 \cdot t^3\right)}{8 \cdot E\_pmma \cdot I\_y}$$

$f = 0.012\,mm$ **maximale Durchbiegung** , an Balkenende

$\gamma := \dfrac{f}{0.5 \cdot t}$ Ansetzen des Scherwinkels aus der maximalen Durchbiegung (Vergleich von Balkenfuß zu Balkenmitte, Vereinfachung)

$\gamma = 3.495 \times 10^{-3}$

$\tau\_bieg := \gamma \cdot G\_pmma$

$\tau\_bieg = 5.942 \dfrac{N}{mm^2}$

$S\_scher\_bieg := \dfrac{\tau\_zul\_pmma}{\tau\_bieg}$

$S\_scher\_bieg = 5.222$ **Sicherheit gegen Versagen durch Scherung wegen Biegen**

$\tau\_rand := \dfrac{F\_1}{b \cdot h}$

$S\_\tau\_rand := \dfrac{\tau\_zul\_pmma}{\tau\_rand}$

$S\_\tau\_rand = 8.951$ **Sicherheit gegen Versagen durch Scherung**

Modulgrundkörper fertig ausgelegt

Quellenverzeichnis

[1]   H. Stöcker: Taschenbuch der Physik, Verlag Harri Deutsch, Frankfurt am Main, Thun, 2. Auflage 1994

[2]   Bertelsmann Neues Lexikon in 10 Bänden, Bertelsmann Lexikon Verlag, 1995

[3]   M. Stieß: Mechanische Verfahrenstechnik 2, Springer-Verlag, Berlin - Heidelberg - New York, 1994

[4]   J. Altmann: Partikelablagerung und Deckschichtbildung an überströmten Membranen, Dissertation, Technische Universität Dresden, 1999

[5]   M. Cheryan: Handbuch Ultrafiltration, Behr's Verlag, Hamburg, 1990

[6]   Abschlussbericht zum BMBF Forschungsvorhaben 0327201C „Verbundvorhaben: Verbesserung der Filtrationskinetik von Filterpressen mit Hilfe elektrischer Felder", Institut für Mechanische Verfahrenstechnik und Mechanik, Universität Karlsruhe (TH), 2003

[7]   A. Brors: Untersuchungen zum Einfluß von elektrischen Feldern bei der Querstromfiltration von biologischen Suspensionen, Fortschrittsbericht, VDI Verlag, Reihe 3: Verfahrenstechnik, Nr. 284

[8]   H.J. Jacobasch, H. Kaden: Elektrokinetische Vorgänge – Grundlagen, Meßmethoden, Anwendungen, Z. Chem., vol. 23(3), S. 81-91 (1983)

[9]   E. Philippow: Taschenbuch Elektrotechnik, Band 1: Allgemeine Grundlagen, Ausgabe des Carl Hanser Verlages, München Wien, VEB Verlag Technik, Berlin, 1976

[10]   J. Biermanns: Hochspannung und Hochleistung, München, 1949

[11]   M. Smoluchowski: Versuch einer mathematischen Theorie der Koagulationskinetik kolloidaler Lösungen, Z. Phys. Chemie 92 (1916), 129-168

[12]   www.chemienet.de

[13]   Tabellenbuch Metall, 42. Auflage 2002, Verlag Europa-Lehrmittel

[14]   Skript Hochschule Wismar, nachzulesen unter: http://www.mb.hs-wismar.de/~hansmann/Downloads/BENG_Werkstoffkunde/WT2/WK_KST_7_Mechanische_Eigenschaften.pdf

[15]   Technisches Datenblatt PMMA, Hans Keim Kunststoffe GmbH, 71229 Leonberg und 78658 Zimmern ob Rottweil, nachzulesen unter: http://www.keim-kunststoffe.de/d/service/datenblaetter.pdf

[16]   Materialmerkblatt AV 0350 (RAU-PMMA), Rehau AG + Co., www.rehau.com, nachzulesen unter: http://www.rehau.de/files/Materialmerkblatt_RAU-PMMA_AV_0350.pdf

[17]   Werkstoff-Datenblätter CuZn39Pb2, Deutsches Kupferinstitut, nachzulesen unter: http://www.kupfer-institut.de/front_frame/pdf/CuZn39Pb2.pdf

[18]   Auszüge aus EN ISO 3506, nachzulesen unter: http://www.stara.cz/PDF%5Cd_schrauben.PDF

[19]   Skript zur Vorlesung Konstruktionslehre 1, Fachhochschule Düsseldorf, nachzulesen unter: http://tww.fh-duesseldorf.de/DOCS/FB/MUV/KOL/Kole-Vorlesung/ko1-4-3.pdf

[20]   Informationsdruck Kupfer und Kupferlegierungen, Deutsches Kupferinstitut, nachzulesen unter: http://www.kupfer-institut.de/front_frame/pdf/i16.pdf

[21]   Werkstoff-Datenblätter CuZn39Pb1Al-C, Deutsches Kupferinstitut, nachzulesen unter: http://www.kupfer-institut.de/front_frame/pdf/CuZn39Pb1Al-C.pdf

[22]   Produktbeschreibung PLEXIGLAS GS 249, Degussa Methacrylates, Rühm GmbH, nachzulesen unter: http://www.plexiglas.de/methacrylates/de/produkte/plexiglas/technische_daten/technische/fliegwerkstoffe/plexiglasgs249biaxialgereckt/

[23]   K. Oberbach: Kunststoff-Kennwerte für Konstrukteure, Carl Hanser Verlag, 2. überarbeitete und erweiterte Auflage, 1980

[24]   Produktbeschreibung PLEXIGLAS GS, XT, RESIST, Degussa Methacrylates, Rühm GmbH, nachzulesen unter: http://www.plexiglas.de/NR/rdonlyres/EA1355FD-58E0-433D-AFF7-9A62B5B90D34/0/2111PLEXIGLASGSXT_de.pdf

[25]   Dubbel - Taschenbuch für den Maschinenbau, 19. Auflage 1997, Springer-Verlag

[26]   Hoischen - Technisches Zeichnen, 28. Auflage 2000, Cornelsen Verlag

[27]   AD-Merkblätter, Taschenbuch-Ausgabe 2002, letztmalige Ausgabe Mai 2002, Carl Heymanns Verlag KG / Beuth Verlag GmbH